# 读懂珠宝

# JEWELS THAT MADE HISTORY

100颗石头、100个神话、100段传奇

100 Stones, Myths & Legends

［美］斯泰琳·沃兰德斯 著

吕花花 译

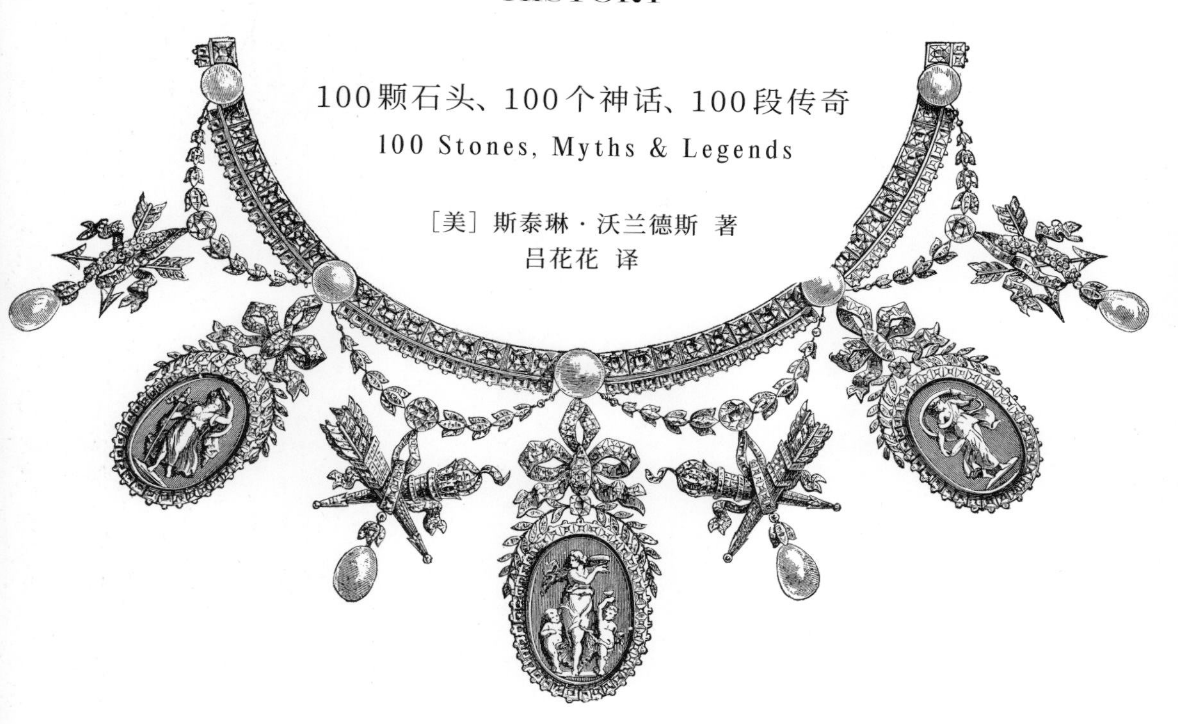

Stellene Volandes

重庆大学出版社

# 前 言

这本书讲述的不是珠宝的历史，也不是世界历史。准确地说，这是一部个人观点鲜明的编年史，是经历了各方力量冲突之后凝结的美好时刻。与此同时，我也希望这本书带你欣赏文明撞击中的每一件珠宝。我是如此深深地热爱珠宝，而且我能够预料到，在读完这本书之后，你也会像我一样热爱珠宝，时时刻刻，都尝试将一件珠宝中所凝结的皇权、冲突、财富、热情以及命运解构出来。我希望今后你在看到一枚新艺术时期的胸针时，能够想到佩里将军远航至日本；在看到卡梅奥浮雕时，能够想到拿破仑的加冕礼或是庞贝古城的发掘。也许，下一次有人因为法国大革命而批评玛丽·安托瓦内特时，你可以指着一条项链向他们阐释你的观点。这本书把珠宝从保险箱、玻璃橱窗或天鹅绒盒子里拿出来，放在历史舞台上，希望你在读完这本书之后，也可以用这样的视角去看待珠宝。

# 译者的话

至今我还记得第一次看到这本书的心情和场景。那是一个冬天，当时困难重重，但是我决心把这本书翻译出来。因为很多人提起珠宝，就会将其和“炫耀”画等号，殊不知，珠宝更多的是历史和文化的积淀。我翻译这本书的初心就是希望更多人能够走近珠宝、了解珠宝。

珠宝拥有非常完整的历史。当你看到一枚钻石戒指的时候，可以试想产自印度矿区那颗曾经镶嵌在神像眼睛上的钻石，它散发着突破当时人类想象极限的神圣光芒。唯有这样，你才能更深入地了解、体会大自然的精妙。

不容否认，在任何时代，珠宝都是财富的代表，珠宝的每一次繁荣都和经济的强盛紧密相关。从公元前1292年的埃及到1530年的哥伦比亚，珠宝制作技术发展的背后都是当地经济的繁荣。英国成为“日不落帝国”之后，女王珠宝设计随之进入辉煌而灿烂的时代，西方诸国望尘莫及。

珠宝又仿佛是一个沉睡的美人。它在时间的长河里酣睡，又一次次被一代代人以奇妙的方式唤醒。公元前529年，狄奥多拉在用马赛克装饰圣维塔莱教堂并将珍珠、祖母绿、红宝石、石榴石以及黄金点缀其中的时候，一定想不到，在很多个世纪后，法国巴黎的时装设计师嘉柏丽尔·香奈儿和福尔克·迪·佛杜拉以此为灵感，开创了香奈儿高级珠宝设计风格。

珠宝也是历史的见证者，例如帝国王冠上的红色尖晶石——英国国王亨利五世曾经在阿金库尔战场上佩戴过它。这枚宝石救了国王一命，而后被镶嵌在帝国王冠之上，护佑整个国家。

珠宝，是大自然和人类共同创造的美的精华，因深厚的文化底蕴而更加动人，时光也无法将其湮没。希望你读完这本书，再次看到迷人的宝石或玉石时，不仅可以看到它的璀璨光芒，更可以看到这颗石头所经历的久远的过去，而它的未来更加悠远。

# 目　录

# 起　源

珠宝于何时出现？可以追溯到何时？人类初始，就有珠宝出现。旧石器时代的穿孔象牙串珠就可以证明，甚至从最早的坟墓陪葬品都能清晰地看出原始人对装饰品的需求。公元前4400年的古埃及墓穴中，就有用贝壳或者矿石或者碎卵石做的圆珠。文明的发源地——美索不达米亚的财富就体现在——几乎每个人至少有一件饰品伴随一生，有些人用黄金或者白银，有些人用进口的碧玉或者玛瑙。在皮洛斯发掘的一座始建于青铜时代的金饰墓穴中，藏有黄金和青铜，来自波罗的海的琥珀、埃及的紫水晶、阿拉伯半岛和印度的玛瑙。

有人存在，就会有珠宝。珠宝从国土之上的自然矿藏和贸易路线上以物易物的自然资源变成了时尚。珠宝将或用来展示权力，或用于辟邪护身。如果这些珠宝在历史的流转中幸存，必将永世流传。

←最原始的人类装饰自身的史料：新石器时代的骨头和石头项链

# 公元前1292年
# 国王之珠宝

青金石、玛瑙和绿松石，或许曾是公认的古埃及三大宝石。如果你走进美国纽约大都会艺术博物馆（Metropolitan Museum of Art）的埃及馆，可以看见它们的主导地位是显而易见的。青金石从阿富汗进口，玛瑙矿就在埃及，绿松石则在西奈半岛（Sinai）的西南部被发现。

古埃及人认为在青金石的深蓝色之中可以看到“天堂”，而玛瑙的红色调和绿松石的蓝绿色调拥有可以对抗邪恶的力量。埃及金匠的手艺久负盛名，而且古埃及珠宝的色调有非常强烈的特征。后来希腊人来了，再后来是罗马人。正如我们将在这部有关宝石、黄金等的编年史中看到的，珠宝是一个文明所拥有的自然资源的证明，是其所征服或者能去到的土地财富的证明。它讲述着传奇和信仰，也记录着衰亡。

↑在图坦卡蒙墓中发现了那个时代最有代表性的宝石，包括青金石、绿松石和玛瑙

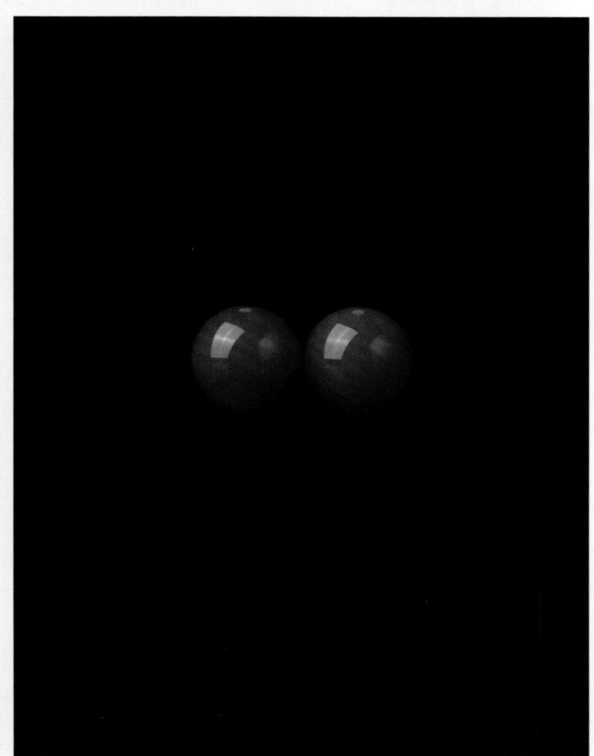

↑ 在当代，青金石、红玛瑙依然广泛应用在珠宝设计中

在中国文化中，青金石代表着天空的颜色，北京天坛的房顶就是青金石的颜色

↓ 亚历山大建立了一个帝国，这件古希腊时期的由水晶和黄金制成的手镯是其成就的证明

# 公元前333年
# 为什么称之为黄金时代?

珠宝的历史是征服的历史。大都会艺术博物馆的希腊和罗马展馆里有一对手镯:两头黄金制成的公羊，放置在水晶打磨成的底座上，这个底座看起来呈螺旋状（希腊风格，公元前330—公元前300年）。它们被装有同时代相同风格黄金藏品的橱窗环绕。

一种贵金属是如何在一个帝国中占如此重要的地位的？用亚历山大大帝的征服史来说明可能太过于简单，但也不是毫无根据。在他之前，早期的米诺斯人（Minoans）和迈锡尼人（Myceneans）的雕金技术就已相当高超。

让我们来回顾一下这位伟大帝王的征程，来看下我们能得出怎样的答案：成为亚里士多德的学生之后，在公元前336年，他继承了父亲腓力二世的王位。公元前333年，他在伊苏斯战役中击败了波斯人,并且得到了波斯所有的黄金（用了20 000头骡子和5 000头骆驼来运输），胜利源源不断，财富也不停地运回希腊。更多的黄金、更多新材料、更多如何用它们创造出美物的知识出现了。公元前332年，亚历山大大帝征服埃及。公元前327年，他进入巴比伦，同年，他侵入北印度。公元前323年，亚历山大大帝去世。他对珠宝业产生了深远的影响。

# 公元前529年
# 珠宝成为金科玉律

如果有人想要用一件事来证明珠宝代表了权力，也许我们可以用《查士丁尼法典》（*Justinian Code*）的例子。在拜占庭帝国，拥有大量贵金属、宝石、珠宝成为富裕阶层的标志。帝国的地理位置使它成为一个理想的贸易地点，因此这里满是来自印度和波斯的珍珠、石榴石和绿宝石。并且在帝国疆域内也有属于自己的金矿。当珠宝变得有更丰富的意义，查士丁尼大帝于是制定法律来巩固他的权力，确保自己的统治地位。公元529年的《查士丁尼法典》新增了一则概述装饰品规则的法律条款：蓝宝石、祖母绿和珍珠是皇帝的专属；但是每个人都有权力佩戴一枚金戒指。皇后狄奥多拉曾经是一名女演员，也是一位激进的社会改革家，她充分利用了皇帝的宝库。在用马赛克装饰的圣维塔莱教堂（San Vitale Chapel）的镶嵌画上，现在还能看到她浑身装饰着珍珠、祖母绿、红宝石、石榴石和黄金。她是早期用珠宝来巩固地位和权力的强有力的例证，而且她把珠宝利用得非常好，以至于几百年之后，巴黎的时装设计师嘉柏丽尔·香奈儿（Gabrielle

Chanel）和一位名叫福尔克·迪·佛杜拉（Fulco di Verdura）的西西里年轻珠宝商人在参观了狄奥多拉在拉韦娜（Ravenna）的肖像后，获得了新灵感，革命性地大胆使用黄金和宝石，从而定义了一个珠宝时代。

↑意大利拉文纳的圣维塔莱教堂里，在公元前6世纪的马赛克图案上，狄奥多拉皇后浑身珠光宝气

↑黑王子爱德华将一颗珍贵的红色宝石带到了英格兰。如今它仍然保留在帝国王冠的中央

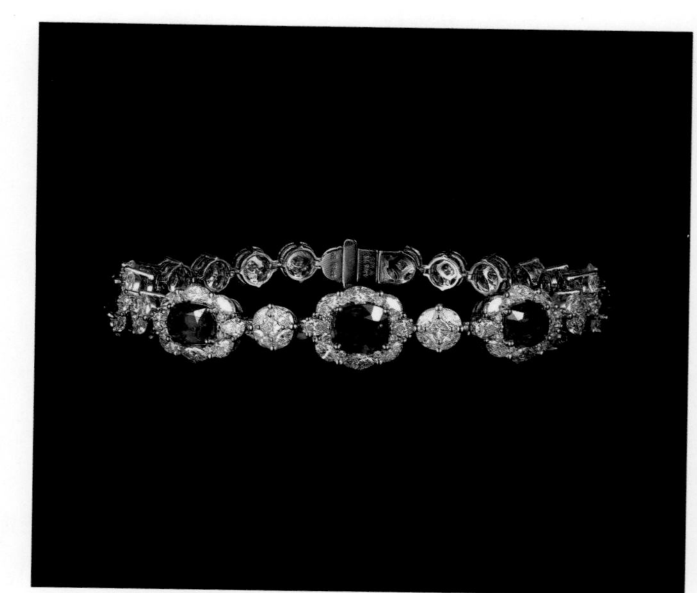

→蓝宝石是皇权的象征

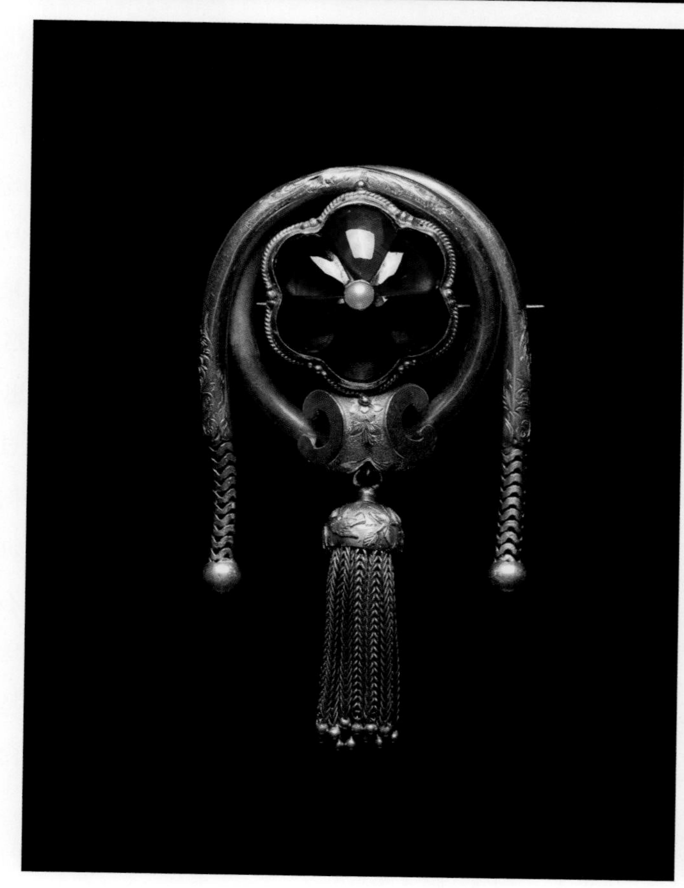

→古董珠宝上镶嵌着红色石榴石，当时石榴石作为贵重珠宝，是身份和地位的象征

# 1371年
# 黑太子盗取“红宝石”

至少他以为那是一颗红宝石。

那颗在大英帝国王冠正中的巨大的红色宝石被称作黑太子红宝石（The Black Prince's Ruby），然而事实上它只是一颗170克拉的红色尖晶石，并非真正的红宝石。这块宝石有时也被叫作伟大的伪装者（Great Imposter），据说是1371年西班牙小国卡斯蒂利亚国国王唐·佩德罗（Don Pedro）从格拉纳达国王的尸体上偷走的。后来，伍德斯托克的爱德华（黑太子）为唐·佩德罗提供了庇护所，唐·佩德罗为黑太子提供了数不清的宝藏作为回报，其中就有这颗巨大的红色宝石。亨利五世曾经在阿金库尔战役中佩戴过这枚红色宝石，（据说这颗宝石在这次战役中救过他一命，当时国王被击中了头部，不仅他活了下来，头盔上的这颗宝石也完好无损）理查德三世在博斯沃思荒原（Bosworth Field）战役中也曾经佩戴过这颗宝石（这一次它却没有为它的主人带来同样的好运）。

这颗红色宝石如今镶嵌在帝国王冠正前方，举世闻名的钻石——库里南二号上方。在世界上最珍贵的珠宝收藏中，它是最有价值的宝石之一。但是曾经一度有人认为它被施了诅咒。伊丽莎白女王长久而辉煌的当政期以及近年来稀有、高品质尖晶石日益走高的拍卖价格，让人们开始质疑这个传闻。

# 1430年
# 荣誉勋章

我们可以把它看成中世纪骑士兄弟会的戒指。金羊毛骑士团（Golden Fleece）是由勃艮第公爵（Duke of Burgundy）——菲利普三世按照基督教骑士制度创立的。入会的标志是获得一枚金羊毛勋章——一头金色的羊（灵感来自神话人物杰森）。勋章通常是悬挂在红色的缎带上,有的悬挂在黄金链子上,有的还装饰着钻石、蓝宝石和红宝石。2018年的苏富比拍卖会（Sotheby）上就拍卖了一件光彩夺目的金羊毛勋章，它制成于1820年，是波旁家族的珠宝收藏之一，最终以160万瑞士法郎成交。骑士团成员享有优先购买权。

一个特别详尽的关于会员资质的标志：
金羊毛勋章吊坠

这是一颗宝石：勃艮第的玛丽收到的戒指的细节

# 1477年
# 第一枚订婚戒指

她被称作富人玛丽。尽管勃艮第的玛丽和奥地利大公马克西米利安承认他们的联姻是对各方都有利的结合，但是也有资料证明，他们之间是真正的爱情。

玛丽的父亲勃艮第“勇士查理”需要哈布斯堡王朝马克西米利安家族的军事力量，而马克西米利安家族需要勃艮第的资金。马克西米利安即后来于1508年被加冕的神圣罗马帝国皇帝马克西米利安一世（Holy Roman Emperor Maximilian I）。据说他在去勃艮第的路上收到不少资助他的金币和银币，他用这些钱给他的未婚妻玛丽买了一枚金戒指，戒指中心镶嵌的细小钻石拼成了一个字母“M”（玛丽名字的首字母）的形状。（有些人也提出了不那么浪漫的观点，认为马克西米利安选择这枚戒指，不是什么浪漫之举，而是他精明的谋略。）在那之前，就有赠送金属戒指见证婚礼的习俗了，但一枚订婚的戒指——一个婚姻的承诺，还给它镶上钻石，是史无前例的。不幸的是，这段浪漫的爱情非常短暂——后来玛丽成为勃艮第的统治者，赢得了无数战争，征服了大量领地，但是婚后的第五年她就从马上摔下身亡了。

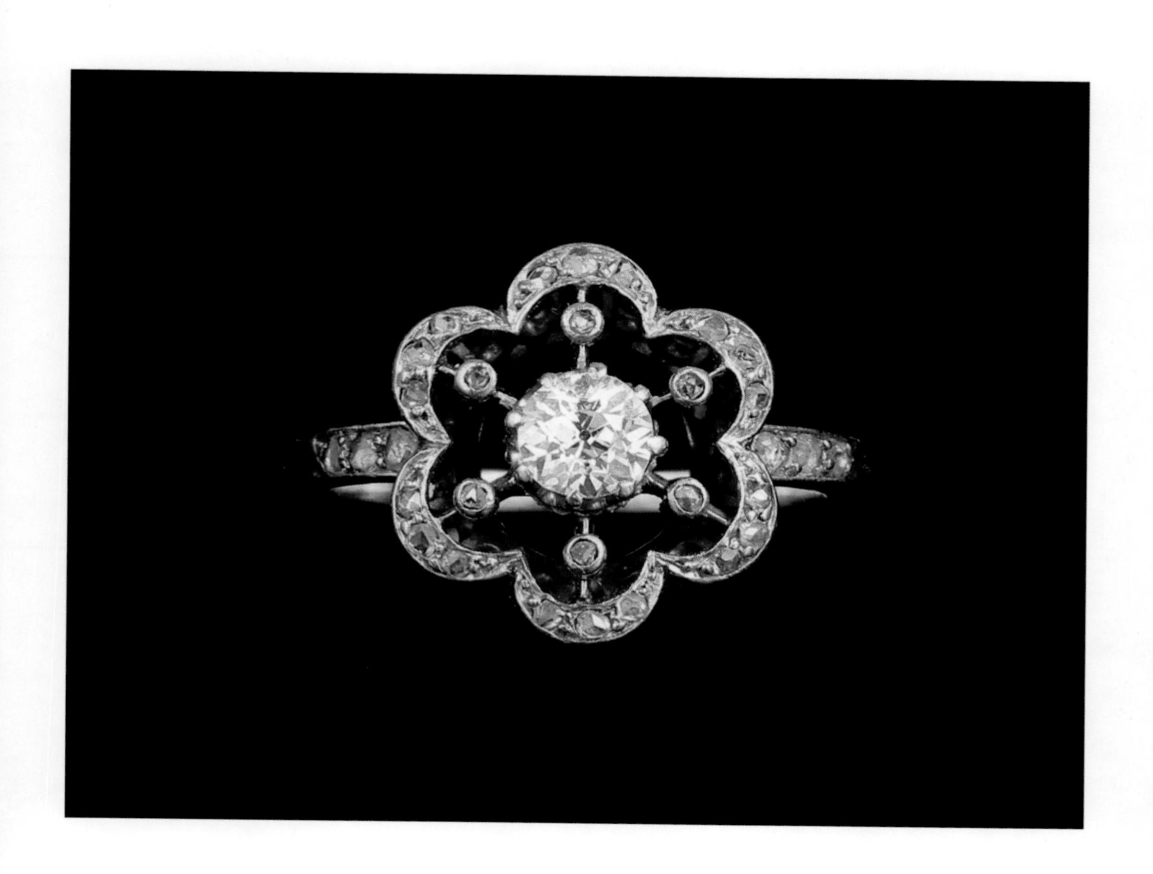

↑ 以一枚镶嵌钻石的金戒指作为对婚姻的承诺，有着漫长的历史

DESSERTO
PAROPANISAD
SVSIANA
PERSIA SOPI RIO
ARABIA DESERTA
MARE PERSICVM
PSIDIS
GEDROSIAE
CARMANA
MECA
CIRCVL9
MARTI MOTES
ADEM REGIO
ORMANVS
ARAB IA FELI X
MELA MONS
COCOTORA
SINVS ARABICVS
MARE INDICVM
ELEPHAS MO
CIR CVL VS

# 1498年 寻找珍珠！

下次面对一幅女王或者贵族的肖像画，观察一下画中的珠宝，留意一下年代和当时的贸易路线。如果是16世纪的油画作品，画中出现了珍珠，那些装饰在紧身胸衣上、编在头发上、缠绕颈间和挂在耳畔的珍珠，想想它们从何而来。有一条线索应该指向美洲大陆。所有关于那个时期王室、贵族肖像画的研究都表明：珍珠即权力。人们对珍珠的需求量非常大，而且人们已不满足于长期占据主导地位的波斯湾地区（Persian Gulf）的资源，向其他地方寻找资源的意愿非常强烈。据说费迪南（Ferdinand）和伊莎贝拉最希望哥伦布航海探寻带回来的就是珍珠。哥伦布第一次航海没有成功，但在第二次去往新世界的航海中，他到达了更南方的委内瑞拉附近，在这里他找到了他和他的王室支持者们梦寐以求的珍珠新来源。此地丰富的物产充实了西班牙王室的财富，装饰着西班牙的贵族，让他们的肖像画在悠悠历史长河里光彩夺目。

←一张横跨印度洋、波斯湾、印度和北非的关于探险和征服的藏宝图

↑王室对珍珠的需求源源不断，珍珠越大颗越稀有

↑ 硕大的珍珠是权力和财富的象征

# 1530年
# 何路通向黄金国?

西班牙征服者的那些描述新世界的黄金城的故事可能标志着它的光荣传统的终结。有证据表明哥伦比亚的金匠文化在公元前一千年就存在了，这个国家有充足的原材料，尤其在它的河床上。一些原材料用于交易，一些被制成物品或者装饰品，比如胳膊、鼻子的装饰品和头饰。像很多其他地方的文明一样，人们陪葬黄金物品来纪念逝者。在西班牙侵略期间，美洲土著失去了黄金资源，金匠技术的发展终止了。

→在拥有了丰富的黄金资源后，金匠技术日渐发达

↑前哥伦布时期的黄金面具

# 1533年
# 历史的线索

一件珠宝能诉说多少故事呢？有多少故事是关于婚姻、流亡、朝代纷争、革命、帝王加冕或者王后加冕的呢？汉诺威珍珠项链价值连城，同时以上六种故事都与之相关。汉诺威珍珠项链最初是一件结婚礼物，更准确地说是一件嫁妆。1533年，教皇克莱门特七世（Pope Clement Ⅶ）的意大利贵族侄女凯瑟琳·德·梅第奇嫁给法国国王亨利二世的时候，教皇把它作为嫁妆送给了她。当凯瑟琳的儿子弗朗索瓦二世和苏格兰女王玛丽结婚时，这串珍珠项链进入了另一个王室——这位“幸运”的新娘收到了婆婆赠送的汉诺威珍珠项链。后来，汉诺威珍珠项链被剥夺，据说以一个“非常公平”的价格出售给了她的竞争对手，亦即她的堂姐伊丽莎白一世。1587年，玛丽被斩首。后来，克伦威尔（Oliver Cromwell）掌权，所到之处破坏宝物、融化金属（用于制造子弹），汉诺威珍珠项链通过继承和与王室联姻安全地离开了英格兰，进入了波西米亚王国。但是这些珍珠通过另一桩婚姻又回来了！它们进入了维多利亚女王的宝库。她去世时，把一些珍珠留给了女儿们，其他的留给了国家。如今陈列在伦敦塔内的帝国王冠（Imperial State Crown）上就镶嵌着一些汉诺威珍珠。伊丽莎白女王在加冕时戴着这顶王冠。近年来她每次参加国会的开幕式时，也会将王冠隆重地放置在一个天鹅绒枕上［王冠大约有3磅（译注：1磅≈0.45千克）重，随着女王日益衰老，她已经戴不了了］。

←凯瑟琳·德·梅第奇的肖像，画上的珍珠成为传奇

# 1536年
# 佩戴字母“B”的博林

在伦敦国家肖像画画廊中，有一幅安妮·博林（Anne Boleyn）的画像。画中她佩戴着一条珍珠项链，项链上坠着一个金色字母“B”（她姓氏的首字母）。无论国王如何试图将她从历史上抹去（他为了迎娶简·西蒙处决了安妮），安妮·博林的传奇依旧流传——就像她的项链一样神秘。这条项链现在可能在哪里呢？传说故事比比皆是。亨利八世和安妮王后的爱情故事始于一件珠宝——他送给安妮的最早的情书中就附有一只金手镯。他们的爱情也终于一件珠宝。据传，安妮王后在宫廷发现西蒙的脖子上戴着一个小盒吊坠，里面是什么呢？是亨利八世的肖像，她因此发现了他的婚外情。但因为安妮的这幅肖像的存在，历史学家们更感兴趣的是她的“B”字母项链命运如何。有人认为并希望博林的珠宝首饰被她的拥趸珍藏，然后传给了她的女儿伊丽莎白一世。伊丽莎白一世的早期肖像画中佩戴的一条“A”字母项链似乎印证了这一说法。然而安妮的大部分珍宝更可能已经被熔毁或者售出，这在那个时代不足为奇。有一个一直存在但又未被证实的传言是“B”字母项链中的一些珍珠仍然在王室手中，并且镶在帝国王冠上。这就意味着尽管亨利八世努力将安妮从历史中抹去，但他并未如愿:伊丽莎白二世加冕时都戴着帝国王冠。

→亨利八世的妻子安妮·博林戴着带有她姓氏首字母的项链。这条项链现在会在哪里？

B

波西米亚的帕拉丁王冠是英格兰现存最古老的王冠，现存于慕尼黑王宫

# 1565年
# 请保护珠宝

慕尼黑王宫的珠宝体现了一个人对珠宝的远见卓识。阿尔布雷希特公爵五世（Duke Albrecht V）深深意识到珠宝在历史中的重要意义，他在遗嘱中规定，“世袭和皇朝的珠宝”都“不可出售”。他的后代延续了这一传统。如今慕尼黑王宫里保存着令人瞩目的巴伐利亚皇家珠宝（Bavarian Crown Jewels），尤其是赫赫有名的帕拉丁王冠。帕拉丁王冠制作于1370年，是英格兰现存最古老的王冠，是布兰奇公主（英格兰国王亨利四世的女儿）的嫁妆之一。也有人认为它可以追溯到更早的时候，属于理查德二世的王后——波西米亚的安妮。君主制可能被废除，皇权沉浮，但是多亏了阿尔布雷希特公爵的明智之举，这些珠宝得以留存至今。

# 1588年
# 珍珠女王

看看她：珠围翠绕。一顶满镶宝石的皇冠就在她身旁，还有人会怀疑这个女人正处在权力的巅峰？这才是重点。极少有君王能像伊丽莎白一世一样娴熟地运用实物的象征意义，珠宝便是其中不可或缺的一部分。珍珠无疑是伊丽莎白一世杰出而长久统治的象征。珍珠能够把她直接与王室的历史连接在一起——有传闻说她的一些珍珠直接来自她母亲安妮·博林的收藏，而安妮·博林是亨利八世的第二任妻子，这就直接回击了另一个关于她是私生子的传闻。这些珍珠向世人展示着她的统治为英国带来的大量财富，也展示着她在扩展海外影响力上取得的巨大成就。珍珠——海洋瑰宝——也暗示着她在海上战胜了西班牙军队，这些珍珠甚至可能是从战败后的西班牙舰队上劫掠而来（得益于对新大陆的探索，西班牙拥有大量珍珠）。这些珍珠同样也是她在权力争夺中胜利的证明。画上展示的这件多股珍珠项链就是著名的汉诺威珍珠项链，这是凯瑟琳·德·梅第奇送给儿媳苏格兰女王玛丽的礼物。1587年玛丽密谋推翻她表妹伊丽莎白一世的统治。伊丽莎白一世处决了玛丽，并得到了珍珠项链。

↑层层叠叠的珍珠项链有一种高高在上的华丽感

→刚刚战胜了西班牙舰队的伊丽莎白一世，浑身装饰着象征智慧和纯洁的白色珍珠

查理一世和他的珍珠耳环，直到生命尽头，
这枚耳环他都不曾离身

# 1649年
# 皇权尽失，珍珠永存

我们当然不能把他遭遇的一切都归咎于他的珍珠耳环。英格兰国王查理一世左耳上一直佩戴着一枚珍珠耳环——一颗完美的椭圆形珍珠，顶部是一个黄金做的十字架。这枚耳环从他十几岁开始就陪伴着他，一直到他死去。他的父亲詹姆斯穷奢极欲，使整个国家负债累累，再加上查理一世在征税问题上和议会长期意见不合，引发了英国内战，战败的查理一世以叛国罪被处决。奥莉弗·克伦威尔在内战中崛起。他熔毁了代表王权的皇冠、权杖等。查理一世直到生命的尽头都一直是一个王权的信徒。这枚珍珠耳环陪着他走上断头台，被完好地保存了下来。而当时英格兰其他的皇室珠宝，好多都被毁了。

# 1668年 一颗叫作“希望”的钻石

一颗钻石的辗转流传包含了方方面面的信息：人们探索未知世界对一颗石头命运的影响；关于贪婪和欲望的传说。1668年，一颗110克拉的传奇蓝钻被钻石商让-巴蒂斯特·塔韦尼埃（Jean-Baptiste Tavernier）出售给路易十四。塔韦尼埃曾去波斯和印度旅行，造访了印度的戈尔康达钻石矿，他也是第一个到达那里的欧洲人。这颗钻石当时被短暂地称作“塔韦尼埃之蓝”，后来才拥有了“皇冠蓝钻”之名，“皇冠蓝钻”这个名字更加深入人心。接着，法国大革命爆发了——许多皇室成员先后被斩首。传闻将之归咎于他们都拥有过这颗钻石，这颗钻石有诅咒。后来这颗钻石被收归国库，1792年法国国库被盗时不知所踪。1812年，这枚蓝钻又神秘重现在一个伦敦的钻石商人手中。所以它是被贪婪挥霍的乔治四世国王用来抵债而来到这里的吗？不敢肯定。但能肯定的是，这枚蓝钻经过了亨利·菲利普·霍普（Henry Philip Hope）[“霍普”（Hope）在英文中意为“希望”，这颗钻石因此而得名]之手并被世代保管，后来卡地亚买下它，将其重新镶嵌后卖给了艾弗琳·沃尔什·麦克兰夫人——华盛顿邮报（*The Washington Post*）老板的妻子。麦克兰夫人经常佩戴这颗钻石。1946年她去世了，海瑞·温斯顿购得了她的全部珠宝收藏。“希望”

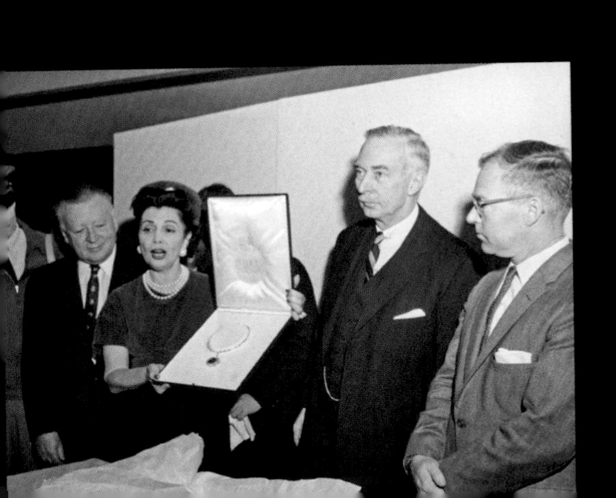

钻石自此开启了它的彩虹之旅——温斯顿带着它和其他名贵宝石在世界各地巡回展出。后来，这位美国珠宝商将它捐给了史密森尼学会（Smithsonian Institution）。如今，每年大概有500万人去那里参观。

这颗“希望”钻石让人着迷不已，它见证了历史和世界变迁，还曾在各地巡展，现存于史密森尼学会

DOMINVM IN SANCTIS EIVS
LAVS

# 1670年
# 来一场游学吧

提到“游学”（The Grand Tour）的诞生，人们就会想到理查德·拉塞尔（Richard Lassels）所作的《意大利之旅》（*The Voyage of Italy*）。它催生了众多旅行指南的效仿者，也激励了一代又一代富有的英国人和北欧人渡过英吉利海峡，前往佛罗伦萨、威尼斯、罗马、法国等古典地区旅行。在一个出身良好之人所要接受的文化教育里，游学成为其中必不可少的组成部分，游学还能让人们在旅途中度过一段美好的时光。从珠宝的角度出发，让我们少关注行程及其目的，更多地关注一下他们带回的纪念品。经过18个月的海外考察，这些旅行者常常会从旅途中带回纪念品。卡梅奥（译注：一种浮雕首饰）、凹雕和微型镶嵌珠宝等工艺品立刻变得流行起来。这股风潮催生出一个游学纪念品产业，让那些不能拥有一枚真正的罗马硬币等纪念品的人也能买到相似的仿品。随着世界版图的扩张，珠宝业的面貌也随之发生变化。

←参观历史古迹，比如万神殿，激发了关于历史和神话的珠宝设计主题

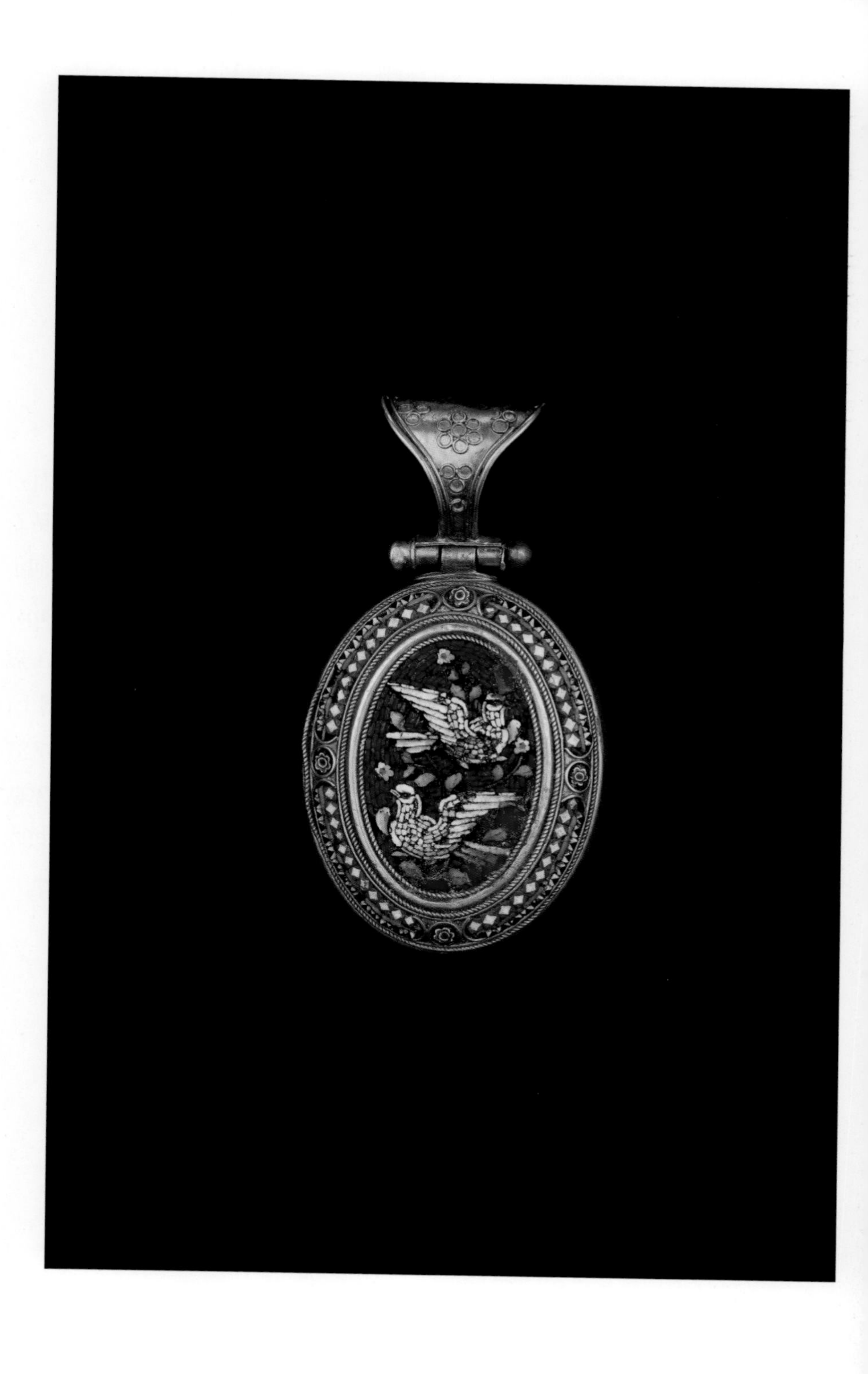

↑微型镶嵌珠宝拥有悠久的历史，对制作工艺和制作者的想象力有很高要求

# 1698年
# 一颗空前有名的宝石

它来自印度戈尔康达（Golconda）大矿区，被认为是世界顶级钻石之一。它不仅切割明亮，而且原石本身几乎没有瑕疵，但是这颗摄政王钻石（The Regent Diamond）的神秘魅力远远不止这些：426克拉；两年时间小心翼翼地辛苦切割；曾被法国摄政王菲利普·德·奥尔良（Philippe d' Orléans）收入囊中；路易十五曾经把它戴在他的帽子上；路易十六将它镶嵌在王冠上；玛丽·安托瓦内特（Marie Antoinette）将它镶嵌在黑色天鹅绒帽上；被盗过又被追回；出现在拿破仑的宝剑上；出现在欧仁妮皇冠中心，1887年，法国皇室珠宝大多被出售，摄政王钻石侥幸保留下来。1940年德国军队入侵，它被藏在香波城堡的一块石板后面，免遭劫掠。如今人们仍然可以在卢浮宫的阿波罗陈列馆一睹其芳容，感叹它的美丽、它的历史和它的幸存。

↑近距离观察摄政王钻石，被认为是世界上最伟大的事情之一

# 1725年 戈尔康达的衰落

据说，人们在戈尔康达找宝石的热情就像艺术品经销商寻找一幅失踪的梵高作品。戈尔康达位于14世纪印度的苏丹国，大约今天的海德拉巴以西6英里（1英里≈1.61千米），以城堡和钻石矿脉闻名。文艺复兴时期，戈尔康达成为巨大财富的代名词，财大气粗的钻石商人和收藏家们如今提起这里时还是满怀着敬意。他们在各个珠宝拍卖目录的黑体字中搜寻戈尔康达的名字。在拍卖会上被标注为戈尔康达钻石，就意味着这颗石头可以溯源至那片历史悠久的矿区。据宝石学家的研究，戈尔康达钻石的识别特征是其完全不含氮。不含氮是无论产自何地的钻石要达到Ⅱ型所必不可少的指标。氮气会使钻石呈现淡黄色调，没有氮气的钻石会看起来比白色还要白，像水滴一样清澈。在那两千年里，戈尔康达矿是世界上唯一的钻石来源（南非的矿藏直到19世纪末才被发现），这种唯一性也让它深受其害。1725年，贪得无厌的印度王公贵族和欧洲皇室耗尽这个矿藏，然而其光辉载入史册。世界上最有名的钻石皆产自戈尔康达：光之山钻石（the Koh-I-Noor diamond），如今镶嵌在伦敦塔内女王母亲王冠的中心；摄政王钻石，曾经镶嵌在拿破仑的剑柄上；神像之眼钻石（the Idol's Eye），曾被

这是一幅描绘印度戈尔康达场景的画，那里有着传奇般的钻石矿

克什米尔酋长作为释放拉希达公主（Princess Rashidah）而支付的赎金；阿格拉钻石（the Agra），据说曾被莫卧儿帝国皇帝巴布尔戴在他的头巾的中央；维特尔斯巴赫蓝钻（the Wittelsbach），最初是西班牙国王腓力四世买给女儿的嫁妆［这颗钻石最近一次交易是被格拉夫钻石公司的老板劳伦斯·格拉夫于2008年在佳士得（Christie's）以2 430万美元的价格购买］；光明之海（the Great Moghul Diamond），这颗重达242克拉的钻石如今在哪里，对戈尔康达的宝石猎人来说，仍然是一个谜。

→戈尔康达钻石以高品质闻名于世，不含氮保证了钻石的明亮度和白度

# 1748年
# 历史的再现

如果我们感兴趣，可以在坟墓中待很长时间。考古学和珠宝业之间的相互影响奇妙而深远。随着古墓开掘技术的发展，这一学科逐渐在18世纪成形，它对设计的影响也日益显著。迄今为止，在每一种人类文明的古墓里都发现过珠宝。珠宝或被精心地绘制在壁画之中，或被紧紧攥在一个被炸死的女人手中。每一件出土的首饰都点燃了设计师的创作灵感。因此，一段珠宝复兴的时代开始了，通过珠宝反映出文化的新发现。这一年，庞贝古城的发掘开始了。古老的装饰图案和材质慢慢地出现在珠宝设计中。不久之后，神秘的伊特鲁里亚（Etruscans）墓地在罗马城外被发现。这是一个高度进化的文明，艺术和文化高度发达，位于意大利半岛，繁荣于公元前8世纪到公元前1世纪。这里出土的珠宝是经过精细加工的金器，展示了早已失传的捻珠

↓罗马广场遗址的发现掀起了复兴古代珠宝制作工艺的潮流

工艺和细金工艺，此发现激起珠宝商争相寻求复制伊特鲁里亚金器的锻造技术。很快，一个名叫福尔图纳托·皮奥·卡斯特拉尼（Fortunato Pio Castellani）的罗马人找到了秘诀。他后来的作品被称为伊特鲁里亚复兴之作，变得非常令人垂涎。

↑ 捻珠工艺在这件吊坠上得到完美展现

←凯瑟琳的沙皇权杖上镶嵌着奥洛夫钻石

# 1772年
# 如何伤害一颗心
# （并赢得一颗钻石）？

俄罗斯帝国的叶卡捷琳娜大帝（凯瑟琳）钟爱男人和珠宝（她的马名叫“钻石”），通常这两种爱好又息息相关。这颗镶嵌在凯瑟琳的沙皇权杖（the Imperial Scepter）顶端、重达189克拉的戈尔康达钻石就是著名的奥洛夫钻石（the Orlov）。据说凯瑟琳想要这颗钻石，奥洛夫就千里迢迢去到阿姆斯特丹，和一位伊朗的百万富翁讨价还价（他之前出的价被拒绝了）。此前，奥洛夫还策动政变，支持凯瑟琳推翻了她的丈夫登上了帝国的皇位。但1775年，凯瑟琳还是移情别恋，转向了格里戈里·波将金（Grigory Potemkin）。有一种说法是，奥洛夫以为，只要他为女王取得钻石，就可以证明他的能力和对她的爱，他就能赢回芳心。但更有可能的是，凯瑟琳只是派他去阿姆斯特丹替她讨价还价，因为讲价这种行为对于一个女皇来说有些不体面。

无论如何，这颗戈尔康达钻石终是来到了俄罗斯帝国，镶嵌在权杖上，完好无损地保存在克里姆林宫的钻石基金收藏博物馆里。这是俄国革命前最珍贵的珠宝收藏之一。最终，奥洛夫得到了一颗以他的名字命名的钻石和一座圣彼得堡的大房子，却终究没有得到那个女孩的芳心。

↑玛丽·安托瓦内特的肖像

# 1785年 大革命中的钻石

项链事件从哪里开始说起呢？那个被冷落的红衣主教？装扮成王后的妓女？深夜从凡尔赛宫传出的伪造信件？我们还是从天花开始讲起吧。1774年，路易十五因天花丧命，留下他的情妇杜巴里夫人（Madame du Barry）和一笔尚未付款的珠宝订单。路易十五为他的情妇定制了一条项链：长长的链子上镶嵌着650颗钻石，并饰有蝴蝶结。在项链完工和付款之前，国王就去世了，杜巴里夫人也失去了皇室的青睐。珠宝商博赫默（Boehmer）和巴森格（Bassenge）开始寻找潜在顾客，最主要的目标就是新王后。但是早就有了奢侈名声的王后玛丽·安托瓦内特敏锐地意识到，如果买一条这样的项链可能会对她的名誉产生影响。骗子德拉莫特伯爵夫人（Comtesse de la Motte）出现了。她知道珠宝商们迫切想卖掉项链，知道王后的样子，也知道红衣主教路易斯·罗昂（Cardinal Louis de Rohan）的软肋：他因为发表过关于王后母亲的负面言论而被宫廷排斥，他现在想重获王后的好感，送王后一条她所渴望又不便自己购买的钻石项链，不是最好的办法吗？这就是德拉莫特伯爵夫人的诡计。她伪造了一封王后写给红衣主教的信，开始了骗局。信中要求红衣主教买下这条项链以回报王后的恩德。她还雇

↑这条精致的钻石项链是她命运的转折

来一个妓女冒充王后，让她深夜在凡尔赛宫的花园里会见了红衣主教。红衣主教向珠宝商支付了部分款项，并将项链托付给德拉莫特伯爵夫人，德拉莫特伯爵夫人承诺将项链转交给王后。当然，伯爵夫人把项链寄给了她在伦敦的同伙，将项链拆分卖掉了。当珠宝商来收剩下的款项时，红衣主教付不起这笔钱了，于是他们直接去面见王后。玛丽·安托瓦内特从来没见过这条项链，也从来没有给红衣主教写过信。于是，红衣主教在镜厅被逮捕。伯爵夫人锒铛入狱。玛丽·安托瓦内特从来没有想过要这条巨大的项链，却受到了最严厉的批判。这位本就不太受欢迎的王后遭到人们的指责，人们指责她轻浮，还指责她卷入这样一桩肮脏的丑闻之中。1793年，法国大革命意味着玛丽王后将永远不能戴上这条项链。真的是项链的错吗？连最照本宣科的历史学家都认为项链事件是法国君主制存亡的重要转折点。

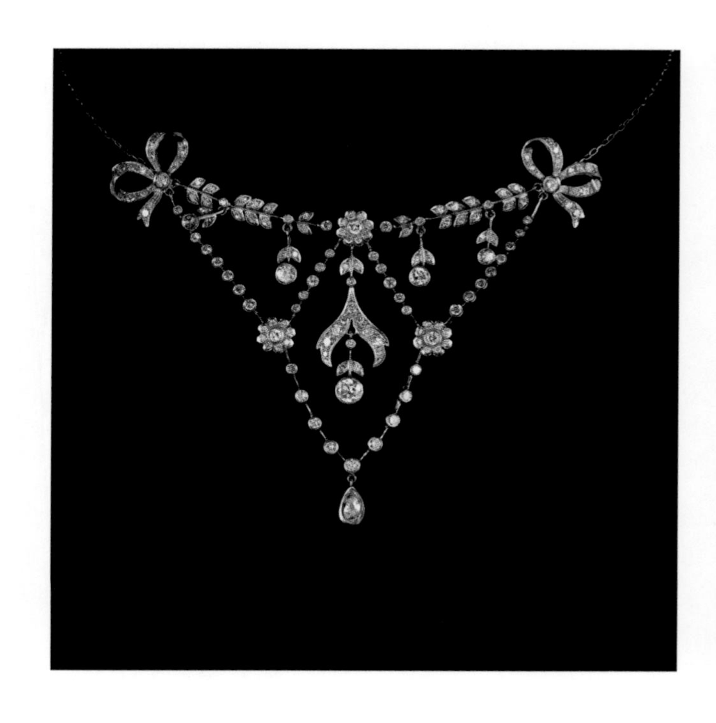

→蝴蝶结元素起源于在手指上系绳以记住某事或某人的习俗，象征友谊和爱情。其最早出现在古罗马珠宝中，巴洛克时期成为珠宝的重要元素

# 1804年
# 皇冠上的卡梅奥

为什么某些风格会在某个特定的历史时刻重新出现？卡梅奥的历史不是从拿破仑时期发端的，但是拿破仑可能是文章开头提出的问题的答案。拿破仑对卡梅奥的喜爱大概是从他征服意大利开始的。为此，他还建立了一所宝石雕刻学校，他带回了最初的样品。对卡梅奥的狂热席卷了这个帝国。在1804年的加冕礼上，拿破仑本来戴着一顶致敬恺撒大帝的黄金桂冠，后来又换上了一顶镶有卡梅奥的查理曼皇冠。选择卡梅奥皇冠是为了提醒公众他竞选成功，同时也为他的新政权增加了历史感。他的王冠上的卡梅奥雕刻着罗马帝国的成就，反映出他渴望赢得同等的荣耀。他的皇后约瑟芬也面临着同样的尴尬处境：没有皇家珠宝，如何看起来像一个皇后？最后她也选择用卡梅奥来解决问题。她戴上了一顶卡梅奥皇冠加冕，这是一种新的当权者的权力象征。然而，约瑟芬的皇冠戴得并不长久。她因为不能生育继承人而被遗弃，她带走了卡梅奥皇冠和在上一段婚姻中生育的一子一女。有人认为，她的儿子尤金继承了卡梅奥，因为这顶皇冠很快出现在了尤金女儿的肖像中。他的女儿嫁给了瑞典和挪威的王储奥斯卡。正是这次联姻使得约瑟芬皇后的卡梅奥皇冠进入了瑞典皇室，被完好地保存至今，经常被皇室成员佩戴。1961年，约瑟芬的卡梅奥皇冠成为瑞典皇室婚礼的官方皇冠。如果卡梅奥皇冠没有转移到瑞典，拿破仑三世倒台后第三共和国掌权时，它是否会像当时众多别的法国珠宝那样被卖掉呢？一件珠宝曲折的命运（这样的转折在书中会出现很多次）让我们有幸现在还能看见它，并从中窥见拿破仑时代的辉煌。

↓ 拿破仑为妻子约瑟芬定制的皇冠，现已成为瑞典皇室珠宝之一

↑一件拿破仑像的卡梅奥（拿破仑是卡梅奥的忠实粉丝）

↑ 一件有百年历史的卡梅奥，雕工精致细腻

# 1810年
# 生　育

让我们来讲讲另一件命运曲折的珠宝。这一次，我们得感谢海瑞·温斯顿和他的客户玛乔丽·梅里韦瑟·波斯特（Marjorie Merriweather Post)。让我们能在位于美国华盛顿特区的史密森尼学会珍宝馆的玻璃橱窗前，一睹玛丽·路易斯（Marie Louise）皇后的拿破仑项链的风采（234颗钻石的风采)。是这位伟大的美国珠宝商和他的客户——一位珠宝的守护神，懂得保存这件作品的原始形态的历史价值远远高于其货币价值。因此他们没有按照当时的惯例把它拆开分别卖掉。但是这样一件见证法国历史的珠宝是如何落到这两个美国人手里的呢？1810年，拿破仑因为约瑟芬丧失生育能力而与她离婚。他很快迎娶了哈布斯堡王朝的玛丽·路易斯，她很快生下了他们的儿子，并在庆典中得到了这条项链。是的，这可能是有史以来第一件“新妈妈礼物”。幸运的是，像我们总是在历史中看到的那样，珠宝很容易从一个国家运到另一个国家。比如，拿破仑被流放到厄尔巴岛的时候，玛丽·路易斯和她的项链回到了她在拿破仑时代之前生活的哈布斯堡生活，那里舒适而安全。这些钻石一直留在她家里，闪闪发亮，完好无损。(除了1847年为缩短项链而移除的两颗钻石下落不明）1929年，一名家庭成员派遣两名使者前往纽约，试图以45万美元的价格出售这条项链。在大萧条时期，这无疑是一场艰难的交易。雪上加霜的是，这对被派去纽约的夫妇是骗子。他们在一位贫困的远亲大公的教唆下，以6万美元的价格出售了这条项链。而这对骗子夫妇要收53 730美元的佣金。哈布斯堡家族起诉，这两人逃跑，大公被捕，项链又回来了。1948年，哈布斯堡家族把它卖给了一位法国收藏家，之后它又被转手卖给了海瑞·温斯顿。据说海瑞·温斯顿深知他的客户波斯特夫人——一位钟爱收藏重要历史文物的忠实收藏家，会非常欣赏这条保留着原貌和原装盒子的项链，他就这样将它原封不动地出售给了她。1962年，玛乔丽·梅里韦瑟·波斯特把她收藏的无价之宝，包括这条项链捐赠给了史密森尼学会。至今它仍在那里展示。

↑拿破仑有了继承人，玛丽·路易斯获得了这条项链

←“柏林铁”首饰藏品，大约1815年

# 1813年
# 为战争而努力

快问：你是普鲁士王室，需要资助拿破仑战争。你将会做什么？

快答：要求国民捐献他们的金银来支持战争。给他们装饰有精雕细琢的花边图案的铁坠子和铁手镯作为回报。曾经和哀悼有关的铸铁首饰就这样变成爱国主义和忠诚的象征。两个世纪之后，当“柏林铁（Berlin Iron）”成为珠宝收藏家的收藏项目之一，珠宝收藏家们开始全球寻找它们的踪迹。

# 1829年
# 被揭穿的神话

谣言可以被写进珠宝里吗？欧泊的历史证明，可以。它的一切都从美好开始。先人们认为欧泊预示着希望，有赐予佩戴者预言的能力，还对视力和头发大有裨益。然后，瘟疫来了，一个关于欧泊的传闻蔓延开来，一具神秘死尸的欧泊戒指突然失去了光泽。一位西班牙王室成员和他死去的妻子，以及其他已故的亲人，都戴着镶嵌了一颗失去光泽的欧泊的戒指。起初这些故事只是被人们当作无稽之谈或理解为石头光彩的自然褪去，直到沃尔特·司格特爵士（Sir Walter Scott）写了一部名为《吉尔斯坦的安妮》（*Anne of Geierstein*）的小说——又叫《迷雾之女》（*The Lady of the Mist*），从我们研究的角度来说这是更好的书名。沃尔特爵士写到欧泊时本身并无恶意。他也许只是单纯地认为，那颗石头的奇特光芒最合适镶嵌在赫敏夫人（Hermione）那被施了魔法的头发上。不可否认，整部小说中这颗石头有一点“喜怒无常”，是夫人情绪的一个标志。最后圣水熄灭了石头的力量，它失去了光芒。而赫敏夫人也失去生命，第二天她化成一堆灰烬。沃尔特爵士怎么会知道这一关键的情节将使欧泊在未来成为珠宝王国的头号厄运化身？虽然维多利亚女王每次佩戴欧泊都会对欧泊的名声有所帮助，新艺术运动也在

一定程度上为欧泊正名，但19世纪钻石商人为了竞争，大力传播欧泊这一虚假传说，欧泊又不幸受到打击。21世纪的珠宝商又开始接受这种宝石且广泛地运用它，但有一个问题始终困扰着他们：欧泊不是不祥吗？

↑一件由黑欧泊、蓝宝石和翠榴石组成的珠宝，路易斯·康福特·蒂芙尼设计

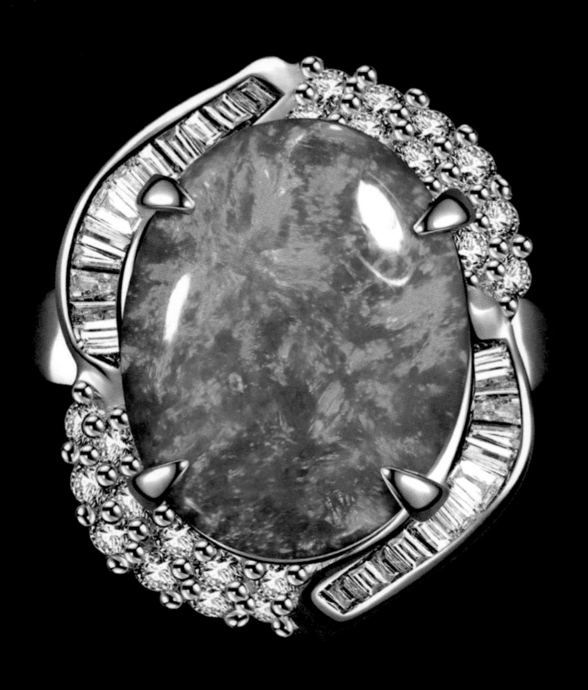

一颗欧泊上可以同时拥有七种颜色，颜色越多越珍贵

# 1839年
# 最初的潮流影响者

1837年到1901年，维多利亚女王统治着一个不断扩张的帝国，这是英国社会和工业大变革的时代。与此同时，她也引领了珠宝风尚。她对珠宝的影响力从她和阿尔伯特亲王的订婚戒指开始：一枚蛇形戒指，以红宝石为眼睛，蛇头镶着一颗祖母绿（她的生辰石）。如今，如果一个准新娘选择钻石以外的宝石结婚，我们马上会说这是一种“非传统的选择”，但是在当时，蛇是智慧、承诺、永恒爱情的古老象征，比钻石更受欢迎（在订婚戒指中使用生辰石也是）。维多利亚时代，在工业革命爆发之前，订婚戒指是上层人士的专属。但是随着英国经济的繁荣发展，人们对珠宝和订婚戒指的需求也在增长。由于维多利亚的影响力，许多年轻的新娘希望自己的婚戒也是蛇的形状。

↓维多利亚女王和阿尔伯特亲王，一段珠宝真爱传奇

蛇形戒指引领了一个时代的设计风潮，对后世有深远影响

# 1840年
# 英联邦的头冠

它太美了：11颗蓝宝石镶嵌在黄金之上，钻石镶嵌在白银之上。它的“历史渊源和历史地位”在2019年引起一场确保维多利亚女王的头冠留在英格兰的呼吁。在弗朗茨·温特哈尔特（Franz Winterhalter）绘制的肖像画中，女王将这顶头冠戴在一个别致的位置——别在了她的发髻上。维多利亚的许多藏品都堪称引领潮流，这顶头冠不过是其中之一。

让我们回到1840年，维多利亚女王和阿尔伯特结婚那一年，伟大爱情故事的开始。阿尔伯特为维多利亚女王设计了这顶头冠。在阿尔伯特去世后的第一次国会开幕式上，维多利亚女王将这顶头冠戴在了她的孀妇帽上。这是维多利亚女王在阿尔伯特亲王去世之后第一次出现在公众视野中，也是她成为孀妇之后为数不多的一次佩戴彩色宝石。他们的爱情故事是一段真爱传奇，这顶头冠是他们忠诚的象征。

这顶头冠，无论有多么重要的历史意义，它只是一件属于个人的珠宝，而不是王冠。所以维多利亚女王去世之后，将头冠传给了她的子孙，玛丽公主在一张照片中就戴着这顶头冠，搭配了比较现代的吊带款式服装。在1992年第七代海伍德（Harewood）伯爵儿子的婚礼上，幸运的新娘也戴着这顶头冠。1997年，海伍德伯爵家族将这顶头冠借给了著名的伦敦沃特斯基（Wartski）珠宝艺廊，就是为查尔斯王子和卡米拉定制黄金婚戒的那个品牌。从那之后，关于这顶头冠的记录繁多，它出现在许多活动的照片中，并且一次次在国际上展出。2016年，这顶头冠被一位国外的买家购买，维多利亚女王的头冠面临被带出英国的风险。举国哗然，一位名叫威廉·布林格

阿尔伯特亲王为维多利亚女王设计的蓝宝石钻石头冠

（William Bollinger）的爱尔兰亿万富翁出手相救。是谁试图将头冠出售给外国买家尚不清楚，但多亏了布林格慷慨解囊，花了6亿英镑——头冠得以留在英格兰。维多利亚女王和阿尔伯特亲王的爱情故事，以及他们对珠宝的精致品味，仍然骄傲地陈列在维多利亚和阿尔伯特博物馆的珠宝展厅，这本身就是对他们二人的致敬。

↑维多利亚女王戴着头冠，温特哈尔特绘制

玛丽公主身着新形态风格的服装，戴着头冠，1922年

↓ 由雷内·拉利克创作的，带有新艺术风格的黄金、珐琅、钻石和蓝宝石吊坠

# 1853年
# 进入日本

当海军准将佩里（Perry）进入东京港要求日本与美国展开商贸合作，他知道这将会影响未来的项链设计吗？新艺术运动是一场短暂但影响深远的设计运动，始于19世纪末，第一次世界大战开始时戛然而止，对各个艺术领域都有影响。它的特点是倡导自然风格。就像每个世纪都会发生几次摒弃旧传统的现象一样，这次运动还有一个特点是摒弃传统风格。但是在日本打开了西方贸易的窗口之后，出现在欧洲画廊、商店中的日本木刻版画、日本园林的形象和日本古董瓷器都影响着新艺术设计的风格。仔细观察新艺术大师雷内·拉利克（René Lalique）的作品的色彩、华丽程度和立体感，再回头看乔赛亚·康德（Josiah Conder）于1893年首次出版的《日本园林》（*Landscape Gardening in Japan*）中的一幅图像，可以明显感觉到随着贸易的开放，灵感来源也更加开放。

一枚新艺术风格的钻石胸针，通过描摹植物纹理体现自然之美

新艺术风格的珠宝让人回归自然

# 1858年
# 流亡者的祖母绿

一套祖母绿首饰是如何让三位皇后都拥有相同的流亡命运的？拿破仑三世的妻子、法兰西帝国的最后一位皇后欧仁妮皇后出生于西班牙一个贵族家庭。她不仅拥有大量个人珠宝收藏，还能享受法兰西皇室珠宝，她的蝴蝶结胸针和她对自然主题珠宝的热爱被认为引领了国际潮流：玫瑰花、羽毛、藤叶等元素纷纷出现在她的珠宝里。欧仁妮皇后对祖母绿也情有独钟。她收到了一套非同寻常的祖母绿石头，也许是西班牙王室作为结婚礼物送给她的，因为西班牙王室能进入哥伦比亚矿区。欧仁妮皇后把它们镶嵌在王冠之上，1871年她带着王冠流亡到英格兰。因为和维多利亚女王是好朋友，她在那里受到了人们的欢迎。她的祖母绿传给了维多利亚女王的孙女（也是欧仁妮皇后的教女）维多利亚·欧仁妮。1906年，维多利亚·欧仁妮公主成为西班牙女王。和她教母一样，她后来也被迫流亡，1931年定居瑞士。1961年，她售出了她的祖母绿，（其中几颗已经被镶嵌在项链上）卡地亚将其买下来之后又出售给了伊朗王室。1971年，法拉王后（Empress Farah）佩戴着这条项链和一个与之配套的祖母绿钻石王冠参加了波斯波利斯（Persepolis）的传奇庆典，这一庆典也被称为“世纪派对”。法拉王后的王权也没有持续多久，1979年，在死亡威胁和革命过程中，伊朗王室开始逃亡。他们的珠宝，包括另一个流亡王后的祖母绿，被留在了伊朗德黑兰中央银行的宝库之中。

↑ 一套祖母绿首饰，三个流亡皇室成员佩戴过它们

↓ 一枚纪念去世的夏洛特公主的哀悼黄金珐琅戒指。在阿尔伯特亲王去世之后，这种传统成为这个国家的潮流

# 1861年
# 哀悼珠宝

珠宝潮流是如何开始的？1861年阿尔伯特亲王的去世，以及随后对惠特比玉石（Whitby jet）的渴求为这一问题提供了答案。惠特比玉石是一种黑色的、由木化石形成的不透明的石头。其最初是1840年在英格兰东北部海岸一带被发现的。1851年，在阿尔伯特亲王举办的世界博览会上，很快出现了使用这种材质的珠宝。当维多利亚女王进入哀悼期，惠特比玉石的时代真正拉开了帷幕。在阿尔伯特亲王去世之后，惠特比玉石是唯一允许进入宫廷的宝石。我们已经可以确定的是维多利亚女王是最初的珠宝潮流的引领者，阿尔伯特亲王去世之后，这种黑色宝石的流行更进一步证明了此观点。这一流行趋势使得人们在珠宝设计中开始更广泛地使用黑色玻璃、深色玳瑁和带状玛瑙。哀悼珠宝的市场也在增大，因为它也成为美国内战中孀妇悼念逝去亲人的一种方式。我们已经找到这一种趋势的开端，又该如何解释其衰落呢？1901年，维多利亚女王逝世，标志着一个伟大时代的落幕，也标志着由一个被深爱着的、身着哀悼珠宝的女人统治的英格兰时代的终结。惠特比玉石矿因为需求不再而落寞，黑色珠宝突然显得像是过去时代的遗物。旅游业蓬勃发展，异国色彩斑斓的风景很快在新艺术运动中焕发出勃勃生机。

# 1865年
# 魔　毯

据估计，在这张传奇的巴罗达珍珠地毯（Pearl Carpet of Baroda）上有超过一百万颗珍珠。这件满镶宝石的织物是由盖克沃尔·坎德·奥（Gaekwar Khande Rao）定制的，他是印度巴罗达的王公，于1856年到1870年在位。在这段时间，他购买了大量珠宝。除了这条珍珠地毯，还有什么能象征他统治期间的辉煌和壮丽呢？也许是他的巴罗达珍珠项链吧。但还是让我们从地毯开始讲起。1906年，一位《纽约时报》（*New York Times*）的记者称其为“世界上最昂贵的珠宝，散发着耀眼的光辉，它从来没有、也永远不可能被超越”。这毫不夸张。这条珍珠地毯是印度和中东贸易繁荣时期诞生的无价之宝之一，也是彼此之间贸易繁荣的耀眼证明。印度精英阶层开始收藏珍珠，这一阶层深受当时欧洲珠宝商的青睐。海湾地区发现的珍珠叫作巴士拉珍珠，是最好的珍珠。因此从19世纪50年代到20世纪初，王公贵族对它们梦寐以求。《纽约时报》指出，用这么多巴士拉珍珠来重新制作一条地毯已经不可能了。这条珍珠地毯的美妙之处，当然在于其工艺，但还在于一个事实——即使用尽世界上所有的钱，也无法复制这样一条地毯。因为巴罗达珍珠地毯是由天然珍珠制成的，那是从海洋中收获的珍宝，当地生态系统发生的巨大变化对珍珠的形成产生了非常显著的影响，天然珍珠几乎已经消失殆尽。人们现在可以到卡塔尔国家博物馆去参观巴罗达珍珠地毯，但是拥有属于自己的天然珍珠需要一个王公的财富：2007年在佳士得拍卖行，6条巴罗达珍珠项链中的2条以710万美元的创纪录的价格售出。根据供求规律，即使天然珍珠还能找到，其价格也会继续攀升。

→珍贵的天然珍珠被编织成一块传奇地毯。与此同时，还有一套著名的珍珠项链，由巴罗达王公佩戴

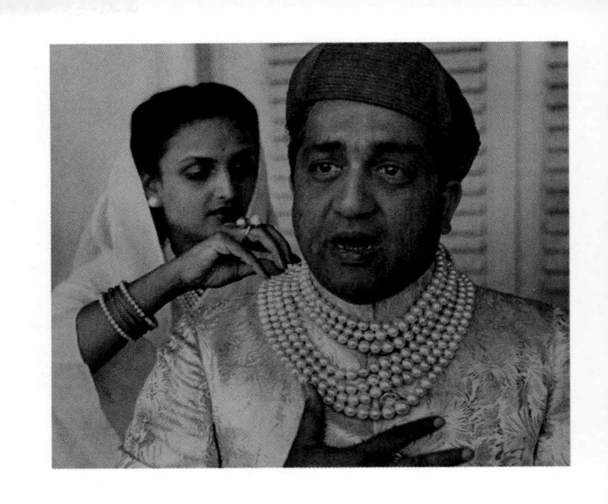

# 1865年
# 个人标志

在19世纪的奥地利，个人品牌这一词汇是不可能存在的。然而当巴伐利亚的伊丽莎白——奥地利的皇后、匈牙利女王（人们称她为茜茜公主）从御用珠宝商柯尔特（Köchert）手中买下用27颗钻石和珍珠制成的星星，编织在她标志性的齐腰栗色头发上，出现在弗朗茨·克萨威尔·温特哈尔（Franz Xaver Winterhalter）的肖像画里时，她拥有了属于自己的标签。在几次公开露面和正式舞会上，茜茜公主保持了这一形象，并在王室圈子里掀起了一股闪闪发光的星星和发饰珠宝的潮流。这位皇后也同时以她严苛的饮食、极其自律的运动习惯、小小的船锚文身、对香烟的热爱，以及她和追踪她的媒体错综复杂的关系而闻名。渐渐地，她厌倦了这些星星，传说她把一些星星送给了家人和宫女。现存的星星如今在维也纳茜茜博物馆展出。其中一颗星星在1998年被一个游客从玻璃橱窗中偷走，放上了一件仿制品。2007年，这件珍品在温尼伯被找到，茜茜公主的星星回家了。

←奥地利皇后伊丽莎白，人们通常称她为茜茜公主

# 1867年
# 钻石来袭

在南非的金伯利矿第一次发现钻石，白色钻石手镯的热潮随之而来。

在工业革命之前，夜晚的亮度没有如今这么高，仕女腕间的手镯明亮、璀璨

# 1873年
# 为黄金而战

黄金一直是一种充满冲突的珍宝。没有人能清楚地知道它曾属于谁，我们只是知道它现在在哪里。德国的海因里希·斯利曼（Heinrich Schliemann）下定决心要让全世界相信特洛伊战争，他在现代土耳其的一处古代遗址发现了特洛伊战争的战利品——铜盾牌、金饰品和戒指，认为这是普里阿摩斯（Priam）长期隐藏的战利品。他真的已经发现特洛伊了吗？黄金真的属于普里阿摩斯吗？至今没有定论，他的发现如今保存在莫斯科普希金博物馆。但是它是如何从发源地——奥斯曼控制区域到达那里的呢？珠宝便于运输的优点发挥了作用——在被迫流亡的环境下，也可以把它别在衣服上偷偷带走，但这也意味着它可以很快被转移，会消失不见。在与奥斯曼政府进行一系列紧张的谈判之后，斯利曼将普里阿摩斯的珍宝放在柏林博物馆中展览。第二次世界大战爆发后，它被藏在柏林博物馆动物园的一个地下室，苏联人发现了它，并将它带走了。在1993年普希金博物馆展出它之前，它几乎从历史上消失了。普里阿摩斯的珍宝一开始让人想到的就是荷马战争，后来仍然是大国之间争论的焦点。争夺这些特洛伊宝物的战争仍在继续。

←索菲亚·斯利曼展示“普里阿摩斯宝藏”。她的丈夫发现了这个储藏宝石和贵金属的神秘之地

精致的黄金制造工艺，生动形象地描绘了一只翼兽的表情和动作

# 1876年
# 遇见乔治

如果乔治·F.坤斯（George F. Kunz）不曾将那颗罕见的碧玺出售给查尔斯·刘易斯·蒂芙尼，并加入蒂芙尼，成为蒂芙尼首席宝石专家，我们会错过什么？我们将不会看到蒙大拿蓝宝石（Montana sapphire）、俄罗斯翠榴石（Russian demantoid green garnet）和犹他石榴石（Utah garnet）等进入蒂芙尼这个以钻石为主导的珠宝世界。我们将不会看到他发现并命名的紫锂辉石和摩根石，我们也不会在公开场合看到美国大富豪J.P.摩根的天价收藏品。（这些藏品由坤斯策划收藏，并于1913年捐赠给了位于纽约的美国自然历史博物馆）我们将不会用“克拉”作为衡量宝石质量的单位，也不会有他捐赠给美国地质调查局图书馆（U.S. Geological Survey Library）的珍贵珠宝研究著作，更不会发现一本早已被遗忘的1922年出版的《俄罗斯王室珠宝》（*the Russian Crown Jewels*）的目录册。这一切都要感谢那次碧玺交易和那个名叫乔治的男子。

↑乔治·F.坤斯，蒂芙尼珠宝的总经理、矿物学家。后图中的许多宝石都由他命名

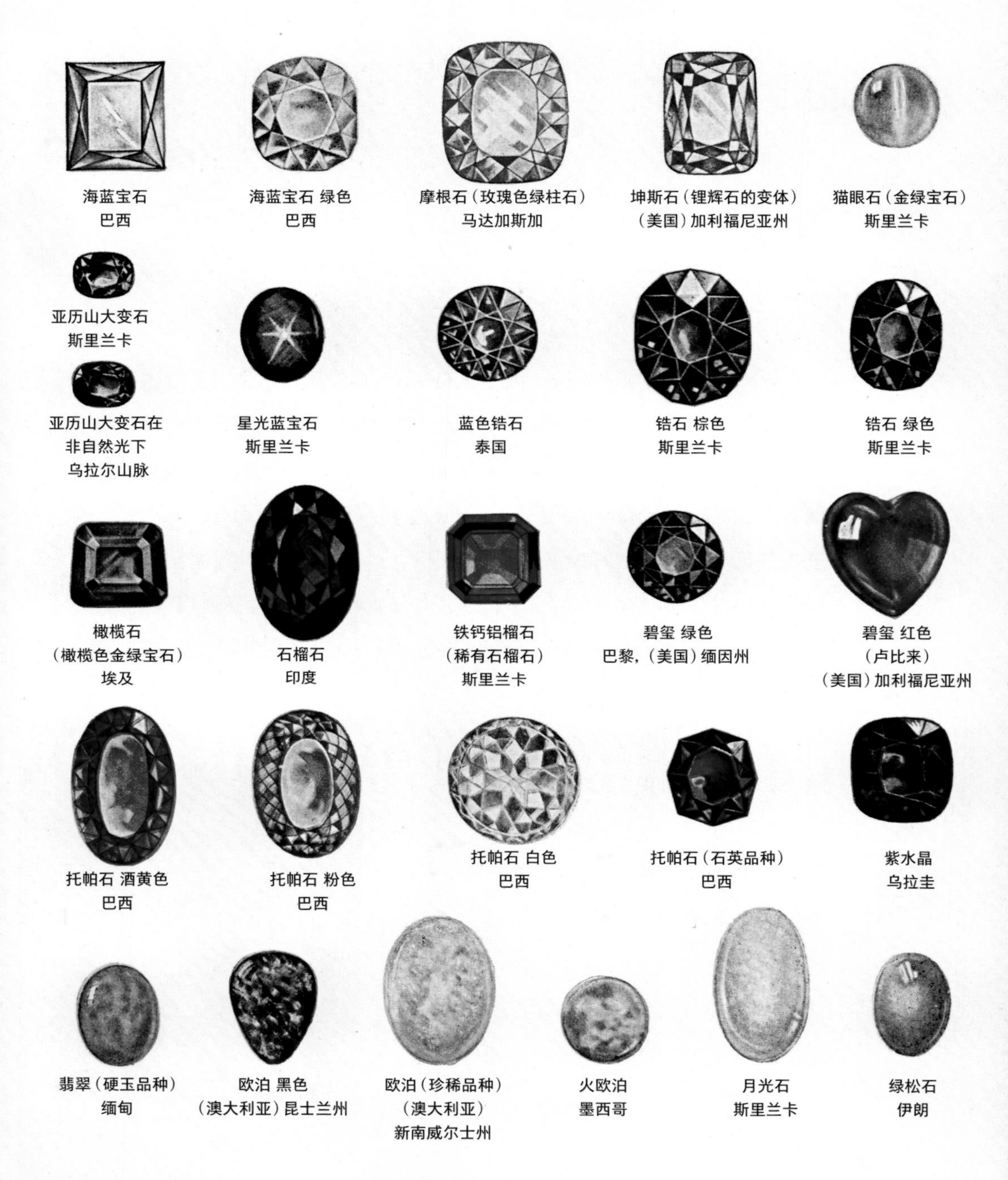


## 宝石和珍贵的矿石

这幅图片由乔治· F. 坤斯博士依照天然石头绘制。它是美国自然历史博物馆的珍贵矿石研究员，也是蒂芙尼的宝石专家。

粉色碧玺

绿色碧玺

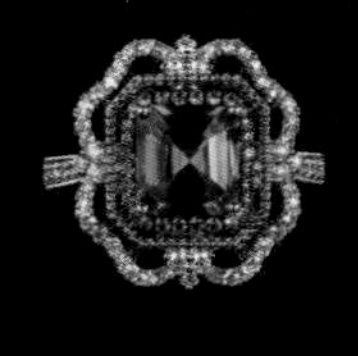

沙福来

猫眼石

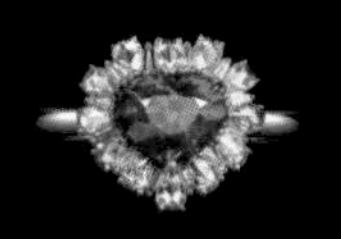

心形沙福来

翡翠

红宝石

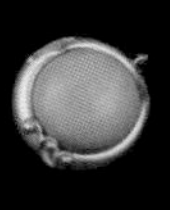

蓝松石

进入新时代后，随着更多宝石被发现，珠宝设计更加丰富

# 1884年
# 项链成为故事线索

中学老师会告诉你《项链》(*The Necklace*)是关于扭曲的现实和一触即发的阶级矛盾，他们会用这篇文章来教授反讽。事实上，这篇莫泊桑的短篇小说讲述的是珠宝的力量。你还记得它，是吗？骆塞尔夫人(Madame Loisel)出生在一个中产阶级的家庭环境中，"是因为命运的失误"，她渴望能出席一场盛大的晚宴。她的丈夫给她买了一件晚礼服，但没有买与之相配的珠宝。所幸，她有一位善心而富有的老朋友福雷斯特夫人(Madame Forestier)。福雷斯特夫人邀请她去试戴自己的珠宝，"首先看到的是一些手镯，然后是一条珍珠项链，接着是一套镶嵌宝石、工艺精湛的黄金威尼斯十字架……突然，她在一个黑色的绸缎盒子里发现了一条极好的钻石项链。她的心因为无法控制的欲望而跳动。她捧着项链的时候，双手颤颤巍巍。"骆塞尔夫人戴着这条钻石项链去参加晚宴了。就像辛德瑞拉变回灰姑娘的时刻一样，她猛然发现那条钻石项链不翼而飞。她和丈夫花36 000法郎买了一条类似的项链来替代丢失的那条项链。接下来的10年，夫妻二人辛苦劳作偿还债务。直到有一天，她和老朋友福雷斯特夫人重逢，年复一年劳作的骆塞尔夫人已经憔悴不堪。真相露出水面。"你说你买了一条类似的项链来替代我的项链？"福雷斯特夫人问道。"是的，难道你当时没注意到？它们非常相似。"骆塞尔夫人坦承。福雷斯特夫人被深深地触动了，握住了她的手："哎！我可怜的玛蒂尔德(骆塞尔夫人)！我的钻石项链是一件赝品！它至多值500法郎！……"学期论文的备选题目？小心：珠宝也许会彻底改变你的生活。

演员卡罗塔·蒙特利为*Vogue*拍摄的照片

在19世纪，钻石项链是身份和地位的象征，而古董珠宝中，钻石项链非常罕见

# 1887年<br>这是蓄意破坏珠宝财产罪吗？

1887年5月，法国王冠上的宝石被出售。1870年，拿破仑三世战败后，第二帝国被推翻，政府开始把王冠上最有价值和历史意义的宝石作为推翻皇室的象征，同时也换取一些钱财，随意保留了一些宝石在巴黎博物馆展出。有些人认为这次拍卖是历史上最大的珠宝悲剧，另一些人则直接将其描述为"破坏历史财产罪"。世界上最有影响力的藏品之一就这样被拆分，流落世界各地。著名的蒂芙尼公司买下了69件拍品中的24件，以满足镀金时代女继承人对任何有欧洲皇室血统的珠宝的追求。卡尔·法贝热买下了这颗摄政王珍珠（La Regente Pearl），然后将其卖给了俄国统治家族的一位著名的收藏家。路易十四采自戈尔康达的18颗马萨林钻石也分散各地。

2017年，其中一件皇室珠宝出现在佳士得拍卖行，以1 500万美元的价格售出。尽管有些珠宝如今在卢浮宫展出——包括欧仁妮皇后的钻石蝴蝶结胸针，（它在最初的拍卖会上被卡罗琳·阿斯特夫人购得，后来又通过私人拍卖会回到法兰西）还有一些偶尔出现在拍卖会上，但许多法国皇室珠宝和首饰从未被找到。它们的命运是珠宝界一个长久的未解之谜。或许，这一切的正面意义在于，一些非常幸运的珠宝收藏家可能正戴着法国皇室的祖母绿和钻石四处游走，但他们对此一无所知。

欧仁妮皇后的胸针和其他法国皇室珠宝被拍卖

# 1893年
# 养殖业战争

大自然赐予我们珠宝，大自然也会收回。珍珠的发展就是例子。它们的存在是大自然的一种偶然：沙子或者贝壳的碎片进入蚌的体内，为了保护自己，蚌分泌出成千上万层珍珠层。这就是我们现在所说的天然珍珠形成的过程。在没有任何人为干扰的情况下，这种珍珠在软体动物的体内天然长成。几个世纪以来，最珍贵的珍珠产自波斯湾，是由一队潜水队员发现的，他们称之为“美人鱼的眼泪”。珍珠成为皇室贵族和所有那些想用象征稀有、品味和权力的珠宝来装饰自己的人最追捧的珠宝。但是到了20世纪初，天然珍珠的供应量急剧下降。潜水员们对蓬勃发展的石油工业产生了浓厚的兴趣，黑金（石油）的诱惑胜过“美人鱼的眼泪”。石油工业污染了水域，改变了生态系统，几乎摧毁了蚌的种群。与此同时，同样漂亮但不那么昂贵的养殖珍珠进入市场。经过多年试验，御木本幸吉（Kokichi Mikimoto）开创了珍珠养殖业的先河——将珠核种入蚌中，珠核周围形成层层珍珠层。这个过程是对自然生长过程的复制。天然珍珠供不应求，养殖珍珠满足了人们的愿望。一串养殖珍珠演变为时尚的主角，而一串天然珍珠则成为珠宝的圣杯。

↑珍珠首饰成为皇室和权贵阶层追捧的珠宝

珍珠养殖产业，由御木本幸吉创立的产业

# 1893年
# 位置！位置！位置！

正如有人所说，如果你的店面建成，他们就会来。弗雷德里克·宝诗龙（Frédéric Boucheron）先生在巴黎的旺多姆广场开设珠宝店的时候，他被认为是一个特立独行的人。五年之后，乔治·利兹（Georges Ritz）在广场对面开设了一家酒店。宝诗龙先生就像房地产业的灵媒。利兹酒店的客人发现，散步到旺多姆广场对面试戴宝诗龙的问号项链非常方便，而宝诗龙的问号项链着实新颖别致。如今，旺多姆广场是全世界最大的珠宝聚集地之一——梵克雅宝、亚历山大雷扎（Alexandre Reza）、尚美、香奈儿、洛仑兹巴默（Lorenz Baumer）、路易威登、肖邦——而宝诗龙是入驻的第一家珠宝店。

←巴黎，旺多姆广场

# 1911年
# 印度之旅

在1911年卡地亚的雅克兄弟前往印度之前，卡地亚已经有许多彩色宝石珠宝作品。这次旅行本是为了见证乔治国王作为印度皇帝的加冕礼，也正是这次旅行让卡地亚了解了印度的雕刻技术，（这次旅行中，雅克还结识了一些印度王公，卡地亚后来的不少标志性作品都是为他们设计的）这次旅行对设计上的影响是显而易见的，带来了被称为“水果锦囊”的珠宝设计。这些出现在20世纪20年代早期的作品以蓝宝石、红宝石和祖母绿的组合，以及树叶、花朵和浆果这些图案为特点。它们区别于那些古怪的蝴蝶结，（在此之前，蝴蝶结在珠宝首饰设计中一直占有主导地位）同时也区别于装饰艺术严苛的几何线条。她们是属于前卫的女人的前卫饰品，比如缝纫机产业的继承人黛西·费罗斯（Daisy Fellowes）就在一幅塞西尔·比顿为她所作的肖像中，佩戴着一条1936年的彩色宝石雕刻项链Collier Hindou。这条项链在那幅肖像中永垂不朽。

↑ 卡地亚著名的“水果锦囊”项链

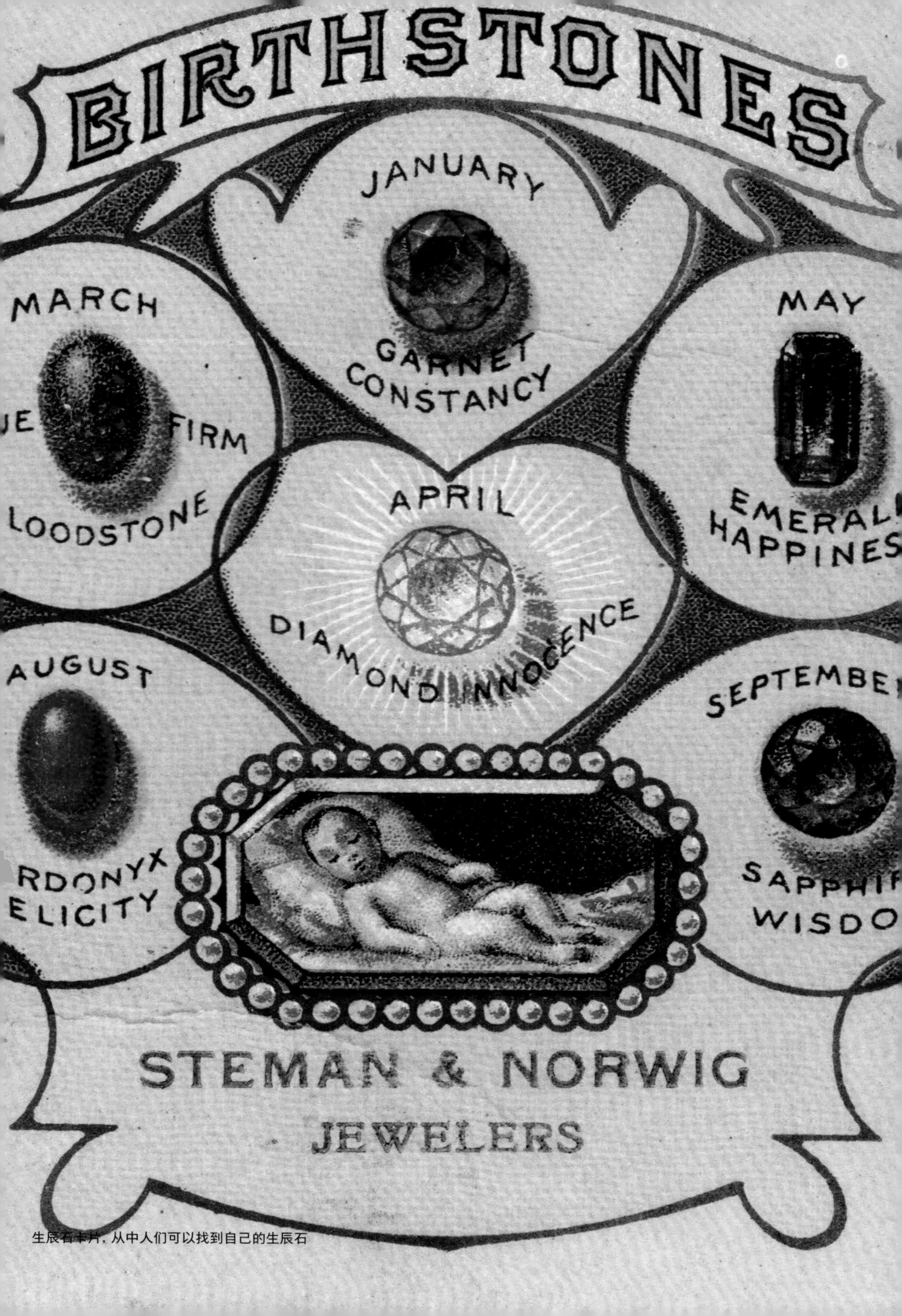


生辰石卡片，从中人们可以找到自己的生辰石

# 1912年
# 你的生辰石是什么？

这可能与圣经中亚伦镶有宝石的胸牌有关［见《出埃及记》（*The Book of Exodus*）一篇，亚伦曾经用12颗宝石与上帝沟通］。但其实，七月的生辰石是红宝石、十月的生辰石是欧泊、二月的生辰石是紫水晶，原因是非常简单的：市场。生辰石的概念是由美国珠宝零售商协会创立的。所以如果你出生在四月，我们有一颗钻石卖给你。

十月生辰石欧泊

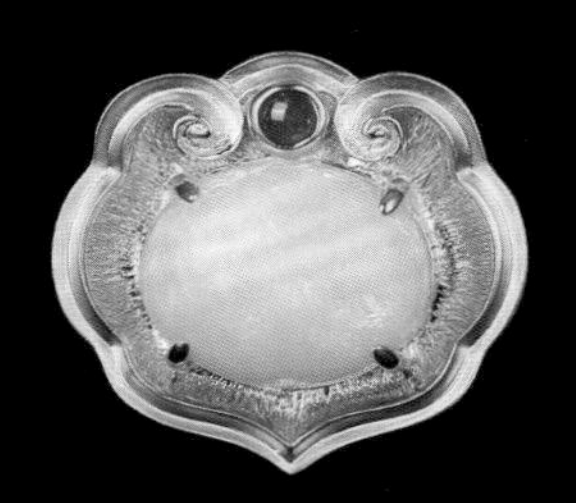

七月生辰石红宝石

二月生辰石紫水晶

# 1917年
# 珍珠换府邸

莫顿 · F.普朗特（Morton F. Plant）先生将自己在美国第五大道52街区的府邸出售给了路易斯 · 卡地亚和皮尔 · 卡地亚，售价是100美元和一条

颗颗珍珠饱满圆润的双股珍珠项链。公平地说，珍珠项链是天然的，价值连城。

1920年，第五大道卡地亚大厦前的送货车

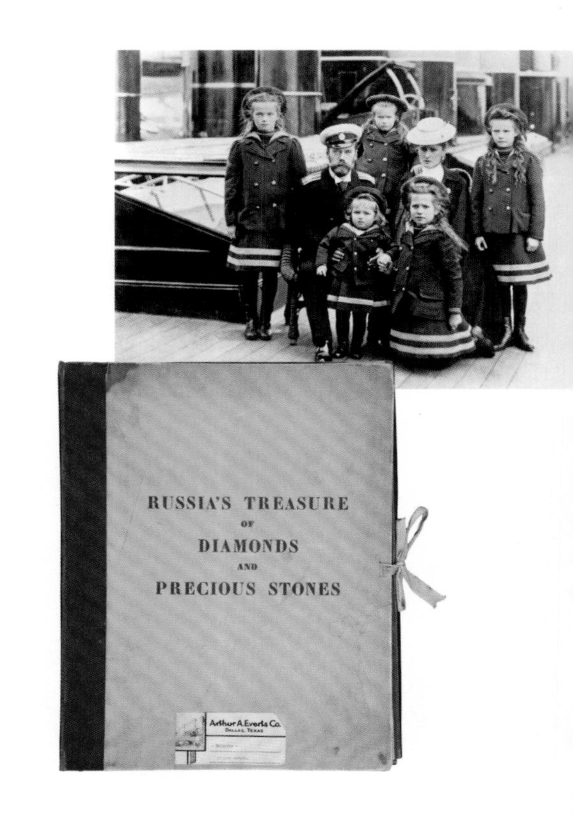


# 1918年
# 罗曼诺夫被处决

俄罗斯罗曼诺夫王朝珠宝的下落一直是一个未解之谜。哪些珠宝成功地在革命中幸存，完好无损地进入欧洲？哪些被拆分当作石头卖掉了？这至今仍然是一个未完待续的故事。我们能够在目录册上找到的最可靠的失踪珠宝的迹象也是一个谜团。1925年，苏联人民财政委员会用法语、俄语、英语和德语出版了一套目录册，这套书有四本，名为《俄罗斯的钻石和宝石宝藏》（*Russia's Treasure of Diamonds and Precious Stones*）。最近，美国宝石学院（GIA）在官网上传了一个版本。原始的目录册被认为是一个诱饵，以期在销售前吸引富有的国外买家。同时这肯定也是一个攻破谣言的机会，外界曾谣传最好的珠宝已经通过秘密渠道离开了俄国。1925年的这套目录册是一份详尽的宝藏清单，宣布这些珠宝仍旧在这里。然而出版不久之后，大多数档案消失了。因为有太多不宜泄露的信息吗？以监督该作品的科学家的名字命名的费斯曼版本的目录册，至今仍是珠宝学术界的圣杯。传奇的罗曼诺夫珠宝收藏被完整地收录，如此数量可观的珠宝的命运引导着读者对俄国历史追根溯源。该目录册本身被广泛认为是俄罗斯帝国珠宝收藏最完整的记录。然而，这种声明颇有警告意味。一本作于1922年、似乎是费斯曼目录册原版本的目录册现存于弗吉尼亚美国国家地质调查图书

在罗曼诺夫家族被处决之后不久，罗曼诺夫珠宝之谜开始流传，答案在那本目录册（被称为费斯曼版本）中吗？

馆，其中记录了一顶蓝宝石头冠、一只蓝宝石手镯、一条祖母绿项链和一个蝴蝶结胸针的图片，这些是1925年目录册中没有的珠宝。1927年，蓝宝石胸针在拍卖会上被售出,其他珠宝至今下落不明。来自俄罗斯钻石基金会的

精选珠宝正在莫斯科克里姆林宫展览——其中至少有一些是罗曼诺夫家族的珠宝。寻找罗曼诺夫家族遗失珠宝的工作还在继续。

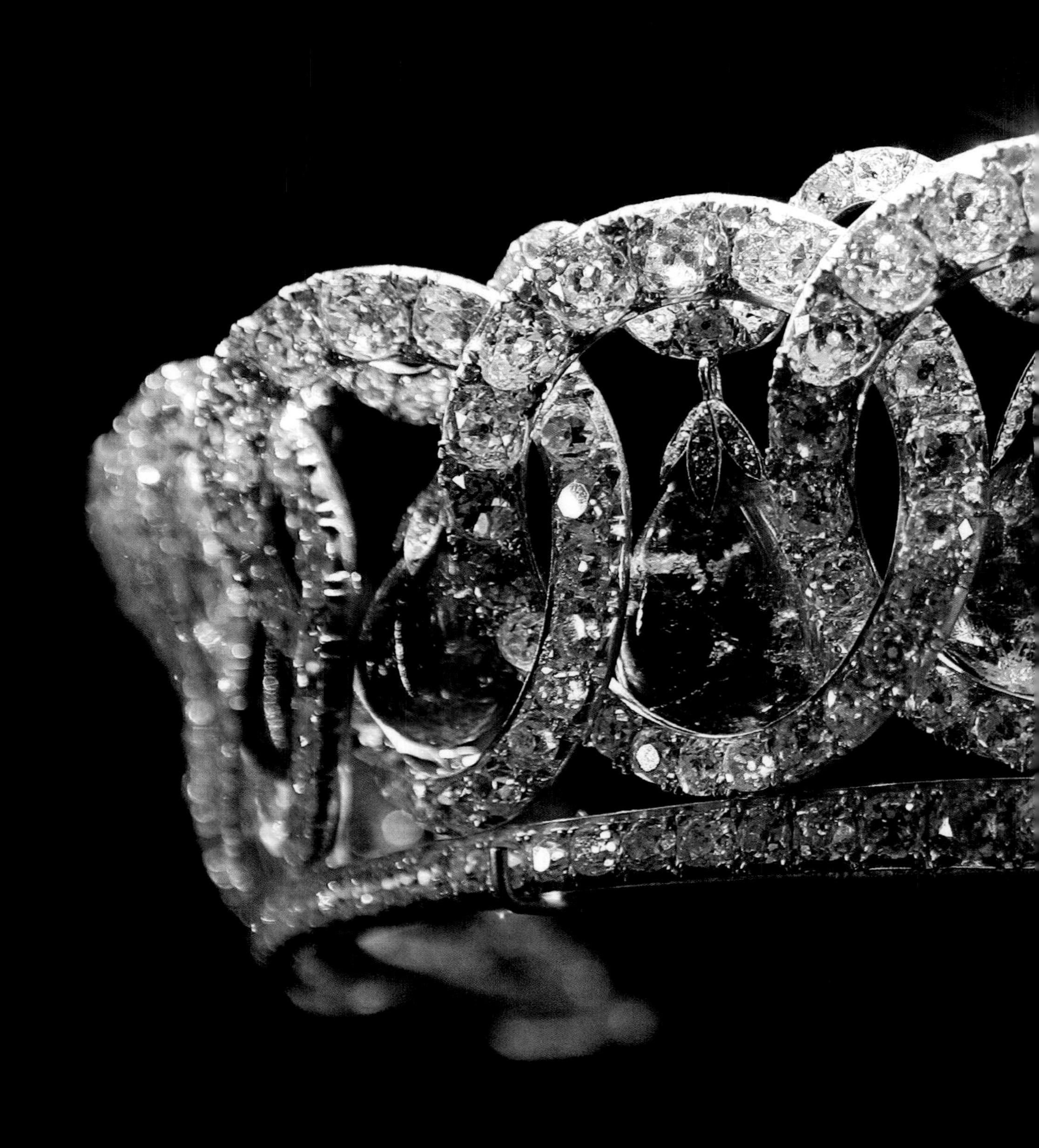

# 1920年
# 弗拉基米尔王冠大逃亡

一顶伊丽莎白女王至爱的王冠，在俄国革命中完好无损地流出

珠宝的历史何时可以像007电影一样精彩？有俄罗斯皇室参与其中的很多都像。这顶钻石和珍珠做的王冠是由弗拉基米尔公爵夫人（Grand Duchess Vladimir）向罗曼诺夫王朝宫廷珠宝商博林定制的。公爵夫人原名玛丽·梅克伦堡–施维林（Marie of Mecklenburg-Schwerin），1874年嫁给俄罗斯大公弗拉基米尔·亚历山德罗维奇，从而进入俄罗斯罗曼诺夫皇室。弗

立基米尔则是罗曼诺夫王朝最后一位皇帝尼古拉二世的叔叔。公爵夫人在圣彼得堡弗拉基米尔宫建立了一个大宅邸，收藏与之匹配的珠宝。在得知十月革命的消息之后，她离开了圣彼得堡，只带了一些“白天用的珠宝和珍珠项链”，把真正的珍宝藏在了弗拉基米尔宫的一个秘密隔间里。她始终住在乡下，直到1920年2月流亡到威尼斯，她是最后一个离开俄罗斯土地的罗曼诺夫王室成员。然而她的珠宝在她离开之前就已经离开俄罗斯了。在一次堪称惊悚的行动中，一名英国军官乔装打扮成工人进入弗拉基米尔宫（也有版本说是乔装成一个老妇人），将所有隐藏的珠宝藏进自己的包里。（在老妇人版本中，“老妇人”将一些珠宝缝进了帽子里）这些珠宝安全地离开了俄罗斯，到了伦敦。公爵夫人的儿子鲍里斯就在那里，他的家人继承了她的珠宝。

公爵夫人死后，她的家人开始变卖她的珠宝维持生活。弗拉基米尔王冠在转移过程中受到一定程度的损伤。所以当英国玛丽女王（伊丽莎白女王的祖母）买下来的时候，她抓住机会进行修复和改造，使王冠变得更加灵活。原本属于玛丽母亲玛丽·阿德莱德（原剑桥公爵夫人）的15颗祖母绿被加入王冠中，同时也可以随时将祖母绿替换为原来的珍珠。它至今仍然是伊丽莎白女王的最爱之一（女王在访问梵蒂冈的时候戴着它，配的是水滴形珍珠），有时她也换成水滴形祖母绿（在和爱尔兰总统共同访问时），有时可以任何水滴形宝石都不戴。

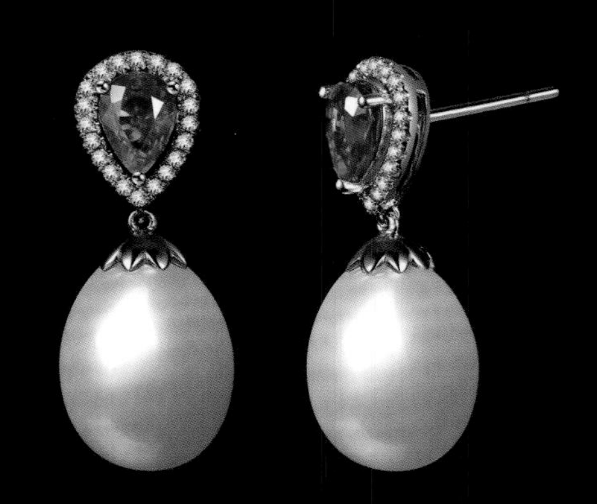

水滴形珍珠首饰

霍华德·卡特和乔治·纳文（George Carnarvon）在图坦卡蒙墓穴前，这一瞬间成为卡地亚“圣甲虫”和“荷鲁斯之眼”手镯的灵感来源

# 1922年
# 埃及狂热症

1922年11月26日，霍华德·卡特（Howard Carter）挖掘图坦卡蒙的墓穴，并在日记中记录了这一时刻。“起初的时候我什么都看不到”，他写道，“从墓穴中涌出的热空气使蜡烛的火苗时明时暗”“渐渐地，我的眼睛习惯了这种光线，房间的细节穿透迷雾慢慢地浮现出来：奇怪的动物、雕像和黄金——闪闪发光的金子无处不在”。这些黄金、这些奇怪的动物、这些雕塑，所有的这些原始素材后来都印在了珠宝上：狮身人面像、双耳罐、象形文字、莲花、青金石雕刻的“圣甲虫”或者绿松石雕刻的“荷鲁斯之眼”。20世纪20年代的埃及风格的复兴强有力地引领着装饰艺术的潮流，它也是其中的组成部分，即装饰艺术中加入了传统的埃及元素。这不是埃及狂热症第一次席卷珠宝世界。早在1798年，拿破仑埃及战役之后，埃及风格复兴就在珠宝设计中初见端倪；其第二次出现是在美国内战之后，人们关于旅行和对国外有更多探寻的渴望蓬勃发展。一些人还把威尔第的歌剧《阿依达》（*Aida*）于1871年在美国的首次演出作为一次埃及复兴的来源。但是这些作品是用黄金来表现的，和后来装饰艺术的作品不一样。如果你看到一只钻石铂金手镯，装饰有珊瑚和玛瑙凤凰，你可以非常有信心地肯定它是霍华德·卡特打开了图坦卡蒙墓的最后一道门，看到了少年法老之后的作品。

用马赛克珠宝制作工艺镶嵌而成的甲壳虫饰品，甲壳虫源自埃及文化，象征永恒

# 1922年
# 大师的陨落

尽管历史取决于实际发生的事情，但是那些本该（却没有）发生或存在的事，也对历史有着重要的意义。一条钻石珍珠项链偶然在美国纽约大都会艺术博物馆展出。这条项链是典型的20世纪早期的风格：钻石镶嵌在层叠的花环上，天然珍珠被重点突出。然而如今小牌上的设计师的姓名却鲜为人知。但对镀金时代的人们来说，纽约的德雷瑟公司代表着尊贵的地位。这家家族公司的贡献在于将天然珍珠引入美国市场，并为王室成员、女继承人和女演员比如萨拉·伯恩哈特设计珠宝。拥有一件来自第五大道德雷瑟店的珠宝是最高品位的象征。但20世纪20年代初，在一系列的家族成员死亡和悲剧之后，德雷瑟闭门谢客。卡地亚花费250万美元收购了该品牌的珠宝。珠宝的历史长河中充满了故去的大师丢失的章节，那些在博物馆的牌匾之上的神秘名字也曾在过去甚至在当今都家喻户晓。

→钻石珍珠项链

模特佩戴的珠宝是德雷瑟的作品

珠宝镶嵌师观察火彩

# 1924年
# 电动的！

当我们审视珠宝在历史中的作用时，我们知道，珠宝是一种为佩戴而创作的艺术形式。佩戴的地点、场合影响着珠宝设计，国外的影响、新的贸易路线、自然资源的变化和命运的转折也影响着珠宝设计。因此，你在昏暗的煤气灯下佩戴的珠宝与在现在普遍使用的电灯下闪闪发光的珠宝不同。煤气灯下用的珠宝需要镶嵌许多小钻石以达到闪亮的效果，但是现代照明允许人们开创一些不同以往的切割方式。珠宝商不用像过去一样辛苦琢磨，只为使宝石看起来更亮但又能达到最好的艺术效果。印度雕刻的石头项链和色彩缤纷的素面宝石作品开始崭露头角。

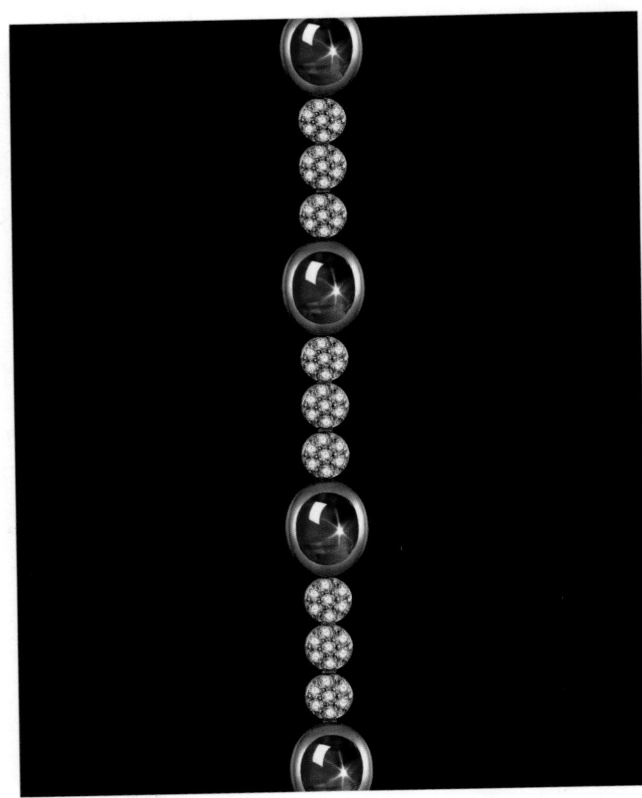

↑现代照明条件下，素面宝石大放异彩

↑ 产于缅甸的星光红宝石因星线明显而完整，一直为人推崇

# 1925年
# 装饰艺术兴起

开始的时候，它被称为摩登风格。“装饰艺术”一词诞生于巴黎世界博览会，即国际装饰艺术与现代工业博览会。这个名字之所以被记住，是因为展会上流线型的珠宝设计风格。“装饰艺术珠宝仍然是珠宝市场中最强劲、最具有收藏价值的品类之一。”2019年一个卡地亚的蓝宝石钻石手镯打破了装饰艺术品拍卖成交纪录之后，苏富比拍卖行的弗兰克 ·埃弗雷特（Frank Everett）说道，“我们看到来自20世纪20年代和30年代的作品年复一年以最高价格成交”。装饰艺术是什么?“这款珠宝代表了设计、材料和工艺方面对细节的极致关注，总是让人想起两次世界大战之间那段迷人时期，那个时期人们的生活方式是每天都盛装打扮、佩戴大量珠宝。”埃弗雷特说。魅力和精湛的工艺是值得肯定的，但是这一时期的珠宝设计早在1915年就开始了，在第一次世界大战后达到了顶峰，并一直延续到20世纪30年代。它也讲述了一个不断与过去决裂、向未来奔赴的社会的传奇。装饰艺术的几何图案摒弃了盛大而又浪漫的蝴蝶结、美好年代的花环风格，

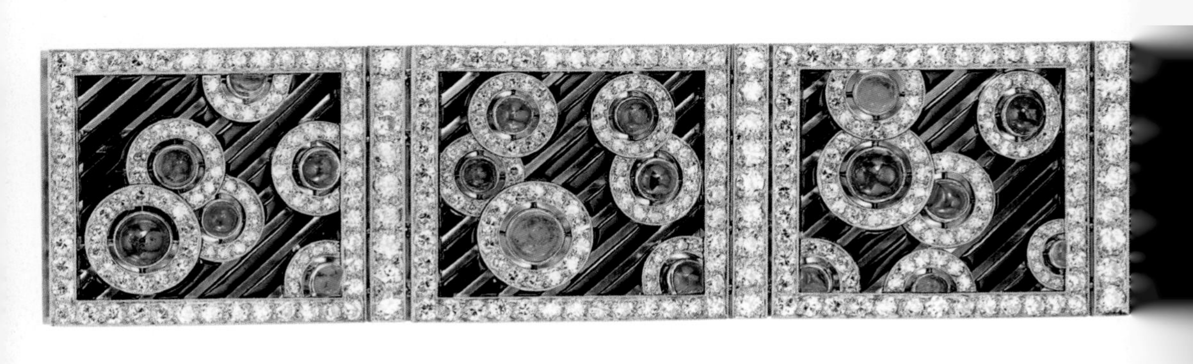

1925年巴黎世界博览会定义了装饰艺术，图下方是典型的装饰艺术风格的宝诗龙手镯

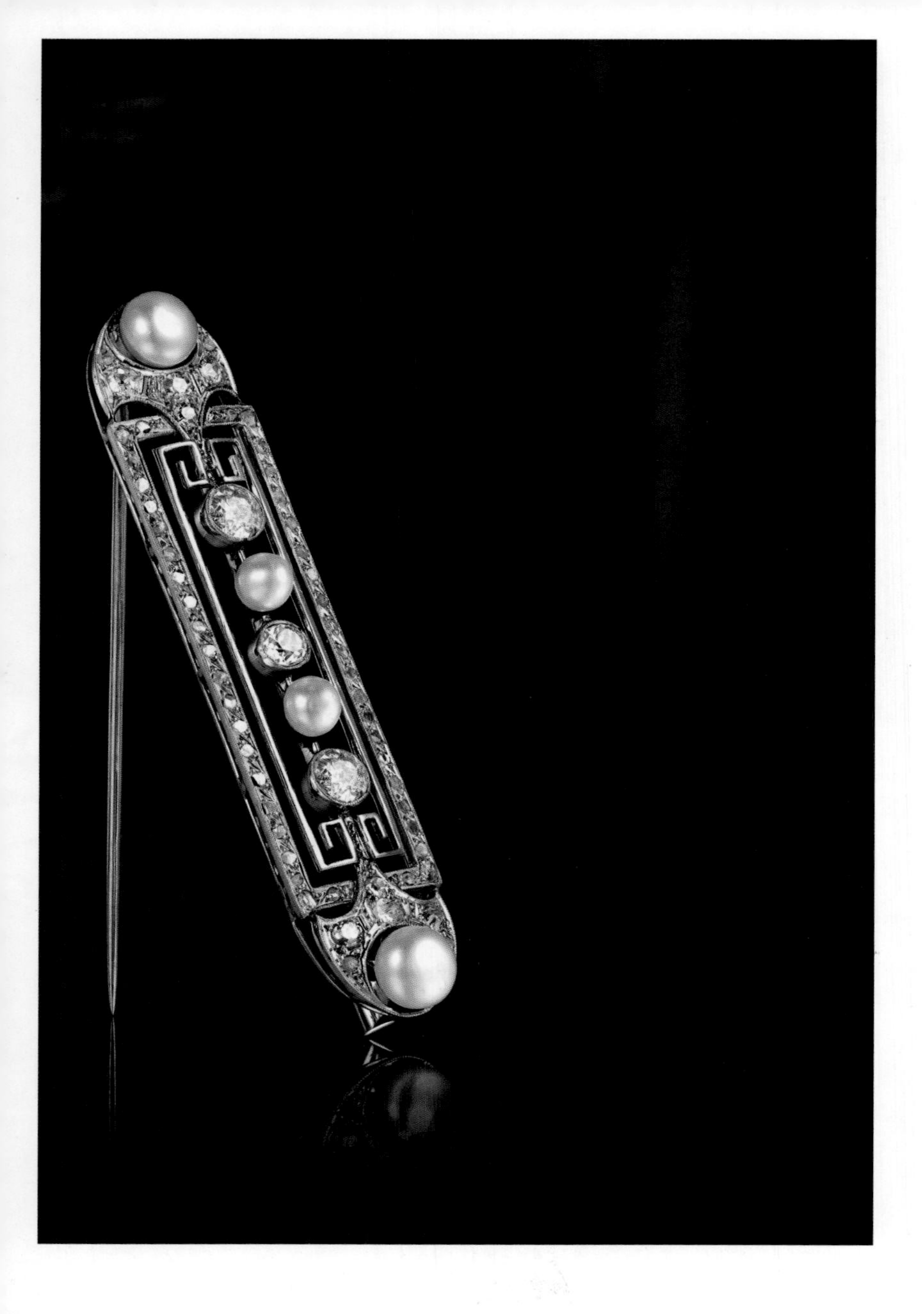

↑流线型珠宝设计风格是装饰艺术的显著特点

↓ 一件装饰艺术时期的红宝石胸针，其图案于规则中富有变化

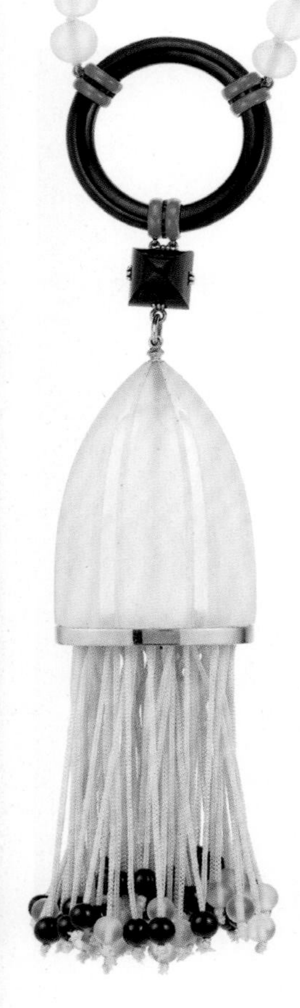

以及新艺术时期的自然主义风格。这些珠宝的灵感来源于机器的发展带来的奇妙世界，也来源于跨国旅游的兴起。战争使得女人进入职场从而拥有了经济独立的能力，就像声势浩大的20世纪20年代的时装所表达的那种大胆的、新鲜的自由一样，这个时期的珠宝所展现的也是这些。“尽管设计师们的背景各不相同，但是他们都抱着同一个理想：与过去一刀两断，从日常生活汲取灵感，让装饰艺术摆脱无用的装饰。”装饰艺术时期的历史学家劳伦斯·穆伊法勒法林说。新艺术时期的珠宝在材料的选择和图案形状的组合上是无所畏惧的。玛瑙、翡翠、水晶、青金石、珊瑚和彩色雕刻宝石的运用，体现了一种无拘无束的文化和创造力。这一时期作品的一贯魅力当然可以用美学的观点来解释，其同时也来源于作品蕴含的对未来勇敢而乐观的品质。即使不认识，人们看到它时也能感受到它是一件前所未有的作品。

↑ 乔治·富凯设计的一条水晶、玛瑙、钻石项链

模特佩戴的银质黑珐琅手镯由让·德普雷设计于巴黎

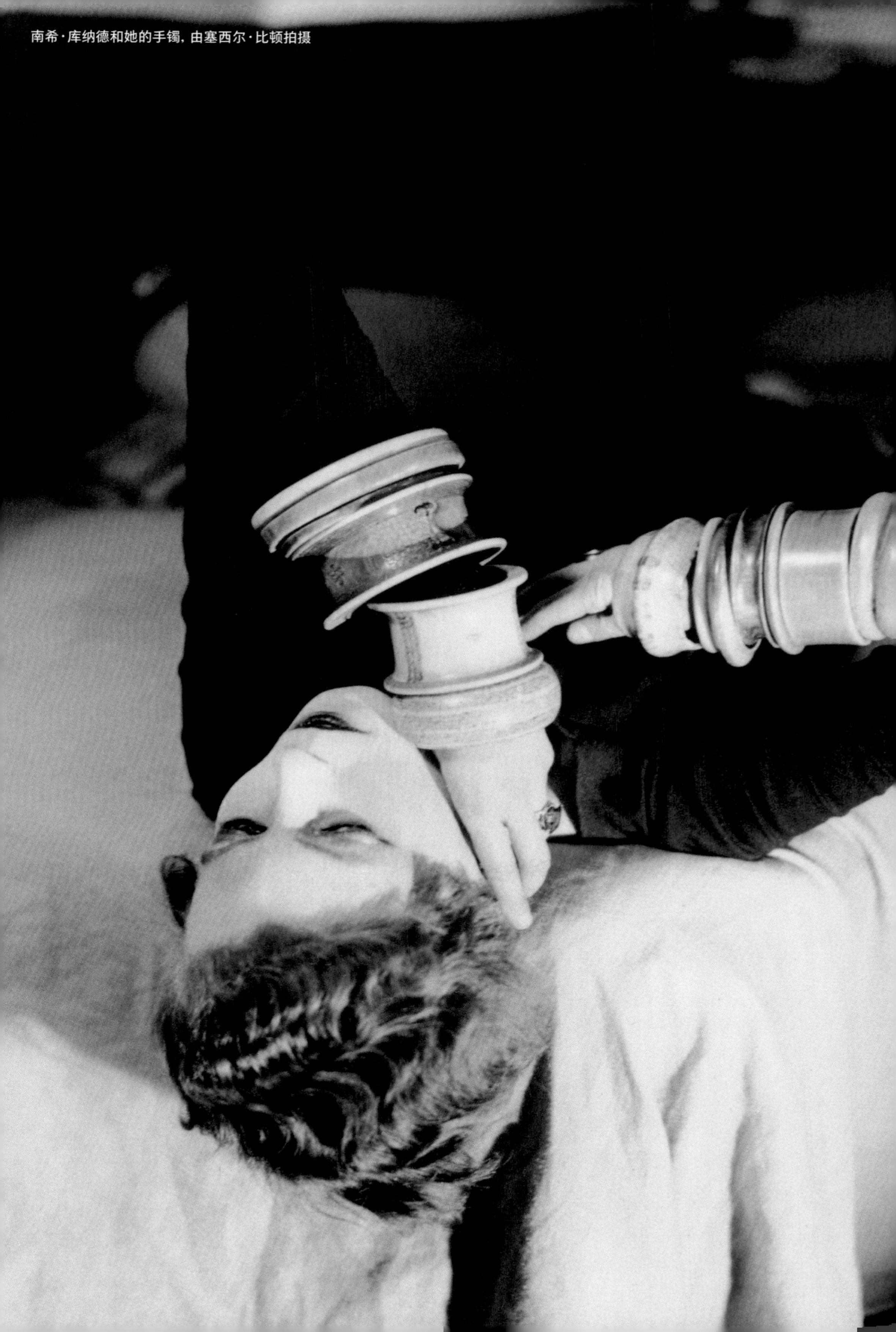

南希·库纳德和她的手镯，由塞西尔·比顿拍摄

# 1926年
# 无可比拟的手镯

当时，其他像她一样被称为女继承人或者“时尚名媛”的人都戴着装饰艺术风格的钻石，而南希·库纳德（Nancy Cunard）——大西洋航运公司的女继承人，她的手臂上戴着来自非洲的木头手镯、黄金手镯和象牙手镯。她穿着金色的燕尾服、戴着父亲的高顶礼帽去参加社交舞会。她支持超现实主义者和现代主义者，以及埃兹拉·庞德和T.S.艾略特。她公开反对种族主义、法西斯主义，并与兰斯顿·休斯、佐拉·尼尔·赫斯顿和W.E.B.杜·波依斯合作。她是斯科茨伯勒男孩的捍卫者。但是你可能无法从曼·雷（Man Ray）为她创作的著名画像中看出她是这样一个人：烟熏妆、手腕到胳膊肘戴满了精美的手镯。你可以看出来吗？

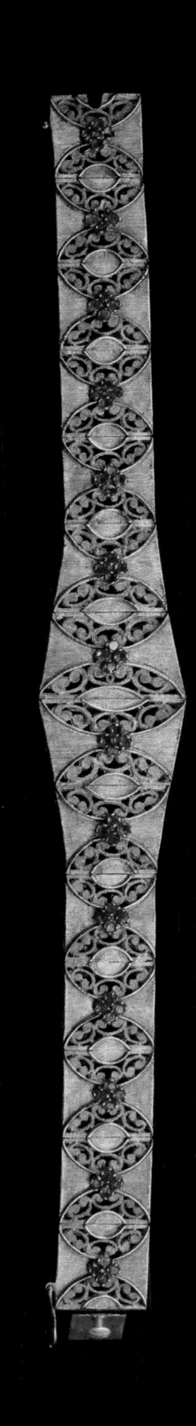

古时手镯象征富足，王室贵族很喜欢佩戴手镯

宽版绿松石钻石手镯，当代设计

# 1927年
# 佳士得拍卖行和俄罗斯人

佳士得拍卖行在伦敦举办了一场拍卖会，拍卖俄国革命后的皇家珠宝，但又清晰地指出大部分拍品来自18世纪。（当时的民众对罗曼诺夫王朝的珠宝非常渴望）伦敦报纸还刊登了一则报道进一步解释，“一个具有重大历史意义的拍卖会将于3月16日周三在佳士得拍卖行举行，届时一些瑰丽的俄国国家珠宝将被拍卖。但是，其中并不包括任何过去帝国家族的私人珍藏”。这124件作品中包括一顶1844年左右制作的皇冠，上面的许多钻石被认为来自凯瑟琳大帝的收藏。这顶皇冠被玛乔丽·梅里韦瑟·波斯特拍得，她是20世纪30年代美国驻俄罗斯大使的妻子。她收藏了大量的俄罗斯帝国艺术品和文物，她的藏品现在在华盛顿的希尔伍德博物馆展出。在她的一生中，她购买并保存的其他几件具有历史意义的皇家藏品中包括玛丽·路易斯的拿破仑钻石项链和一对属于约瑟芬皇后的钻石耳环。如果不是波斯特出面保护这些文物，许多文物可能会被拆分出售。所以，我们称她为“珠宝的守护神”。

→俄罗斯婚礼皇冠，如今可以在希尔伍德博物馆看到

# 1928年
# 失去的和找到的

↑卡地亚为帕蒂亚拉王公设计的项链

这是一件迷雾重重的珠宝：2 930颗钻石，2颗硕大的缅甸红宝石。它叫帕蒂亚拉，是奢侈的印度王公帕蒂亚拉向卡地亚定制的。虽然这条项链最后遭遇了什么我们不得而知，但它仍有许多故事值得一提。王公将一颗235克拉的戴比尔斯钻石（连同一包其他珍贵宝石）送至法国珠宝店，让其设计“一条彰显皇权奢华气势的项链”，这也展示了印度王室和当时的大珠宝品牌像梵克雅宝、卡地亚、梦宝星和宝诗龙的紧密关系。这些品牌都有大量关于印度的传奇故事。这些法国珠宝店创作的珠宝仍然是20世纪最奢侈的设计之一（在20世纪20—30年代的经济大萧条中，印度并没有受到影响）。然而并不是所有的作品都流传了下来，关于帕蒂亚拉的故事也残缺不全。1938年印度王公去世之前，帕蒂亚拉钻石项链的行踪是明确的——王公常常骄傲地戴着它，1948年之前，它也一直存放在家族的金库里，之后却神秘地消失了。关于经济问题、变卖石头以偿还债务的谣言已经流传多年，但是无人能够确定是真是假。1982年，这条项链中间的戴比尔斯名钻现身苏富比拍卖会。这颗钻石从何而来，项链的其余部分在哪里，仍然是未解之谜。直到6年之后，卡地亚的代表在伦敦的古董店发现了帕蒂亚拉，原本镶嵌在项链上的大部分珍贵宝石已消失。卡地亚买下了这条项链，并进行了修复，尽管镶嵌的不是项链原来的宝石——原来的宝石已经不复存在。帕蒂亚拉钻石项链现在仍旧是卡地亚历史收藏品的一部分，每次有人凝视它往昔的辉煌时刻时，这个故事都会被娓娓道来。

# 1930年
# 珠宝新贵（第一章）

格洛丽亚·斯旺森（Gloria Swanson），好莱坞收入最高的女演员走进卡地亚，看到6只最新设计的装饰艺术风格的水晶钻石手镯。她不是来借用手镯的，而是为自己买了两只。她出现在荧屏的时候戴着这两只手镯。她在片场和西塞尔·B.德米尔（Cecil B. DeMille）［《日落大道》（*Sunset Boulevard*）里的诺玛·德斯蒙德］见面时也戴着这些珠宝！它们被她收入囊中。

格洛丽亚·斯旺森、比利·怀尔德和西塞尔·B.德米尔在《日落大道》的片场

# 1930年
# 告诉我，你们的朋友是谁

这是一个关于珠宝、友谊和自由的故事。科尔·波特（Cole Porter）将意大利珠宝设计师弗尔克·佛杜拉公爵（Sicilian Duke Fulco di Verdura）介绍给法国设计师嘉柏丽尔·香奈儿。他认为弗尔克有一双富有洞察力的眼睛，可以于两次世界大战之间在创意繁华之地巴黎迅速成长，也能与正处于上升期的时装设计师香奈儿合作愉快。很快，弗尔克就致力于为香奈儿设计珠宝，与此同时，他们以特立独行的精神摒弃了装饰艺术的传统——运用钻石、铂金、几何图形——取而代之的是以半宝石看似随意地镶嵌在黄金上，图案看起来有点混乱，像拼图一样。著名的编辑戴安娜·弗里兰在她的头巾上就戴了两枚这样的珠宝。1939年，弗尔克搬去美国，在纽约开设了自己的店铺。他设计的马耳他十字手镯——反潮流力量的证明——成为20世纪珠宝设计的标志之一。

嘉柏丽尔·香奈儿和弗尔克·佛杜拉公爵，
以及他为她设计的拜占庭风格的手镯

# 1931年
# 巴黎就是全世界

1925年巴黎世界博览会为装饰艺术定名，并引起了广泛关注。但是在巴黎的文森森林（Bois de Vincennes）举办的国际殖民博览会，对珠宝设计的影响不亚于巴黎世界博览会。卡地亚、梵克雅宝和宝诗龙等在这里展出它们的作品，而另一些，比如受人尊敬的苏珊娜·贝尔伯隆（她的作品大胆和独特，而且她从不在上面署名）参观了法国殖民地出售传统艺术品的展馆（其中包括吴哥窟的完整复制品）。这场博览会被认为是为殖民主义正名的全国性宣传活动，但是，它在促进文化交流的宣传上是成功的。受殖民主义启发而展出的珠宝反映了全球化的视角：宝诗龙的孔雀石和象牙手镯、梵克雅宝的Chapeau Chinois（“中国帽子”）项链、珊瑚黄金颈圈、镶嵌珐琅贸易珠的胸针，以及几件将老虎牙齿和动物爪子融入钻石珠宝设计之中的作品。对于贝尔伯隆来说，非洲展馆的造型和技术对她产生了非常深远的影响。在博览会后的一段时间里，她的作品充满了非洲艺术图案，比如祖母绿和捶打而成的黄金珠子、臂章和胸板，她的石英雕刻作品反映了博览会上那些复制的殖民地圆顶寺庙建筑和茅屋。装饰艺术的几何线条和白金、缟玛瑙色调仍然主导着这个时代，但为1931年的展览创作的珠宝仍然是这一时期最有原创性的作品。

←巴黎的殖民主义展览激发了像贝尔伯隆这样的珠宝商的灵感，令其创造出具有明显部落色彩和国外影响的作品

# 1932年
# 香奈儿之解放

1932年，嘉柏丽尔·香奈儿在她的私人公寓展出全钻系列珠宝，这看起来如童话一般,却是由她的乌木屏风之外的残酷现实驱动的。“一开始我创作人造珠宝,”她说，“因为我觉得它很清新，不骄傲自大……这种想法在经济萧条期渐渐消失，这时的人们出于本能地渴望真实。如果我选择了钻石，那是因为它们体积最小却代表了最大的价值。”展示钻石镶边头饰、钻石星星项链、蝴蝶结和彗星系列珠宝，是一种策略。嘉柏丽尔·香奈儿知道这场展览将会对在欧洲经济萧条期苦苦挣扎的产业大有裨益。这是嘉柏丽尔·香奈儿唯一一次亲自监督完成的一场精品珠宝收藏展览。1993年香奈儿精品珠宝的推出灵感皆源自1932年的这次展览。嘉柏丽尔·香奈儿本就是个特立独行的人，在珠宝界也一样。她的1932年钻石系列是时装设计师带着自己的标志性作品探索高级珠宝领域的先锋作品之一。

EXPOSITION
DE
BIJOUX DE DIAMANTS
créés par
CHANEL
du 7 au 19 Novembre 1932

chez Mademoiselle CHANEL
29, Faubourg Saint-Honoré, 29

AU BÉNÉFICE DES ŒUVRES
“SOCIÉTÉ DE LA CHARITÉ MATERNELLE DE PARIS”
et
“L'ASSISTANCE PRIVÉE A LA CLASSE MOYENNE”
reconnues d'Utilité Publique

ENTRÉE : 20 FRS

嘉柏丽尔·香奈儿和一张她的高级珠宝邀请函

# 1933年
# 他们是如何做到的？

珠宝自豪地宣称自己是最古老的艺术形式，其技术上的创新源源不断。1933年，梵克雅宝获得了一项隐秘式镶嵌的专利，隐秘式镶嵌后来成为其品牌标志之一，也是20世纪珠宝收藏的圣杯之一。这个名称来源于镶嵌的方式：石头镶嵌完成之后看不到任何镶爪，看起来就像铺了一层红宝石或者蓝宝石一样。最初的专利主要是在一个平面上完成镶嵌，但是几年之后，三维效果的隐秘式镶嵌出现了——著名的红宝石钻石牡丹胸针创作完成。隐秘式镶嵌珠宝仍在被制作（并被收藏），但鉴于其创作过程艰苦，每年的产量为数不多。“隐秘式镶嵌”这个词仍旧是拍卖会目录上的一张名片。

←梵克雅宝的隐秘式镶嵌珠宝

隐秘式镶嵌是首饰镶嵌技术中难度最大的一种

隐秘式镶嵌的每一颗宝石都需经过特殊打磨，工期漫长

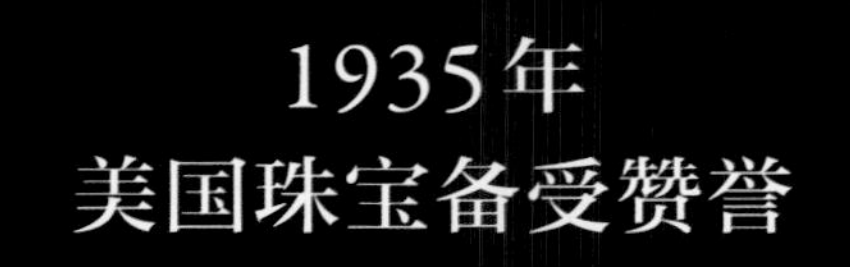

# 1935年 美国珠宝备受赞誉

1935年，弗尔克·迪·佛杜拉（Fulco di Verdura）为保罗·弗拉托（Paul Flato）设计的一条标志性的海蓝宝石和红宝石带扣项链惊艳了整个世界。保罗·弗拉托，最初的“明星珠宝商”，出生于美国得克萨斯州的夏纳，1928年在第五大道和第57街交汇处开了一家店，迅速成为纽约社交圈的一部分。“他是一个很有品位的交际者。”沃德·兰德里根（Ward Landrigan），佛杜拉公司的主席说道，“他从别人那里偷了东西，别人也会对他微笑。”他真的这样做了。两次在新新监狱服刑、一次在墨西哥监狱服刑也是弗拉托传奇经历的一部分。

带扣项链是科尔·波特（Cole Porter）为他的妻子琳达·李·波特（Linda Lee Porter）定制的，之后被遗赠给了弗雷德·阿斯泰尔（Fred Astaire）的女儿艾娃，后来为女演员珍尼弗·蒂莉（Jennifer Tilly）拥有。为了完全理解这件珠宝在珠宝神殿中的地位，我们必须明白在创作这件珠宝的时代，欧洲人是这一领域的主导者——卡地亚和梵克雅宝是装饰艺术的王者。保罗·弗拉托大胆并异想天开的设计挑战了当时珠宝界的等级制度，打破了传统的品位。他卖给梅·韦斯特（Mae West）一只胸衣手镯，灵感来自她自己的内衣，他还为一名舞者制作了用红宝石镶嵌了指甲的金脚胸针。还有一个斧头形状的“拜金女”手镯，最早的灵感来源于凯瑟琳·赫本，他还做了手语胸针（弗拉托本人的听力很差）。一个美国人敢于用自己对珠宝的理解与欧洲人较量，这本身就是一个转折点。“这在那个大多数珠宝还以花卉和几何图形为主流的时代是一个非凡的创举。”李·席格迅（Lee Siegelson）说。带扣项链则是弗拉托大胆与机智的化身，也成为美国珠宝的标志。

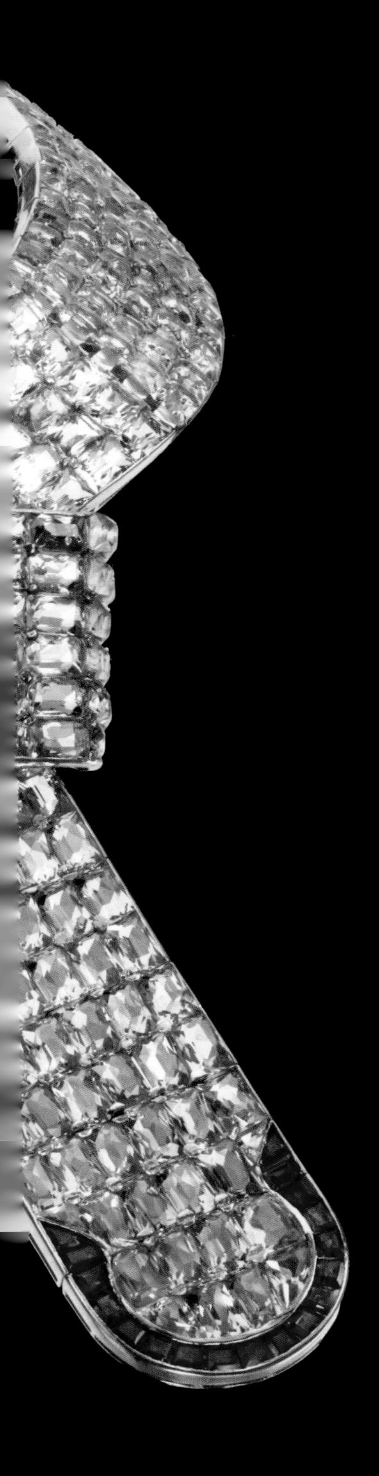

保罗·弗拉托的海蓝宝石红宝石带扣项链

1940年，温莎公爵和公爵夫人到达迈阿密，公爵夫人佩戴着她的卡地亚火烈鸟胸针

# 1937年
# 嗨，世界！是我，沃利斯

爱德华八世为了迎娶心爱的女人而放弃王位继承权的那一天，也将珠宝的发展永远改变了。也许这对夫妻的政治立场值得怀疑，但是他们前卫而又反传统的品位毋庸置疑。他们求爱期间和婚姻中的礼物形成了20世纪珠宝历史上一条重要的发展脉络。如果公爵没有走进卡地亚并定制了一个“美洲豹”饰品，卡地亚的“美洲豹”会流行至今吗？如果公爵夫人不喜欢一边是黑珍珠一边是白珍珠的耳环，我们还会佩戴这种不对称的耳饰吗？如果公爵夫人没有提出建议，梵克雅宝会有拉链项链吗？如果1987年当时的主人在出售公爵夫人的珠宝时没有发现那几件未经署名的作品，贝尔伯隆的作品还会再度风靡吗？据说公爵希望在公爵夫人去世之后销毁他赠送的所有珠宝礼物，这样其他女人都不能再戴了。伊丽莎白·泰勒幸运地在那次拍卖会上买下了著名的火烈鸟胸针，凯利（Kelly）和卡尔文·柯莱因（Calvin Klein）买走了那些著名的珍珠——公爵的愿望没有实现。

# 1942年
# 战争的影响

20世纪40年代的珠宝很容易被认出来：首先，找到黄色的黄金。铂金定义了先前装饰主义运动的珠宝，在战争期间铂金的非军事用途被禁止，这也导致了20世纪40年代对黄金和玫瑰金的广泛设计。然后，看看上面是否有宝石。有可能是黄水晶、紫水晶，也有可能是蓝宝石，当时宝石设计者仍然可以去到封锁区外和限制贸易路线得到这些宝石。再然后，观察它的设计。是否有粗重的链条或者像轮胎痕迹的图形，让人想起坦克、发动机或者火炮的形状？是的，战争期间武器的形状影响着每一个人。如今我们称这种风格为复古，这些前卫而备受瞩目的作品通常与这个时代伟大的电影明星有关，但是它们在很大程度上源自资源稀缺的现实，也源于珠宝的绚丽能给予人的逃避现实的能力——尽管是暂时的逃避。

第二次世界大战对珠宝设计的影响，参见马琳·迪特里希（Marlene Dietrich）和阿娃·加德纳(Ava Gardner)手腕上的作品

战后，珠宝设计中大量使用黄金。战胜国的珠宝设计中，除黄金外，还会采用各种宝石

一件战后的镶紫水晶黄金胸针，仿佛一枚勋章，抚平时代的创痛

花环项链，由卡地亚设计，如今是伊丽莎白女王藏品的一部分

# 1942年
# 历史上最好的珠宝礼物

卡地亚花环项链（Festoon necklace）由五股钻石项链组成，也可以简单地只戴三条，但是康沃尔公爵夫人（Duchess of Cornwall）戴着从她的英国女王婆婆那里借来的这条项链的时候，似乎更喜欢展示它最大的魅力。它被称为有史以来最好的珠宝礼物之一：格雷维尔的遗赠。1942年，社交界女主人玛格丽特·格雷维尔（Margaret Greville）几乎把她全部的收藏留给了她的朋友——伊丽莎白女王的母亲。遗嘱中珠宝的数量尚不明确，大约有60件，其中包括格雷维尔宝诗龙王冠，2018年欧仁妮公主在举行婚礼的时候佩戴过；红宝石钻石抹胸项链，它是女王的最爱；一些华丽的吊灯耳坠和这条花环项链。在收到她的朋友将珠宝慷慨相赠的消息之后，女王的母亲把她的心情写在了信笺上："我必须要告诉你，格雷维尔夫人把她的珠宝都留给了我，我为此刻保持沉默。她留给我的每一件珠宝都带着她的爱，亲爱的老东西，我陷入深深的感动之中。除此之外，这是令人兴奋的一件事，我真心欣赏这些美丽的宝石。我不禁想，大多数女人也和我一样吧！"

# 1947年
# 令人惊喜的搬家

米莉森特·罗杰斯（Millicent Rogers）是标准石油公司的女继承人，同时也是一位珠宝收藏家，还是著名服装设计师查尔斯·詹姆斯的缪斯女神和赞助人。她是欧洲和美国纽约最高级派对的座上宾（据说她在那些派对上用的牙签都是24 k金的），也是斯伦贝谢（Schlumberger）、雷内·博伊文（René Boivin）、保罗·弗拉托和佛杜拉的常客。1947年，她放弃了纸醉金迷的名媛生活，搬去美国新墨西哥州。美国西南部的波西米亚风格对她的珠宝设计产生了重要影响。罗杰斯将银和绿松石制成的珠宝与她收藏的超大号胸针混搭在一起，那些胸针是那个世纪最伟大的珠宝设计师设计完成的，这是一种非常前卫的混搭风格。她的后代为她在陶斯镇建了一座专门的博物馆，我们在每一件现代波西米亚风格的褶皱白衬衣与绿松石耳环、品相完好的古董钻石项链的搭配中，都能看到她的影子。

米莉森特·罗杰斯身着查尔斯·詹姆斯设计的衬衣，佩戴俄罗斯钻石和纳瓦霍绿松石饰品

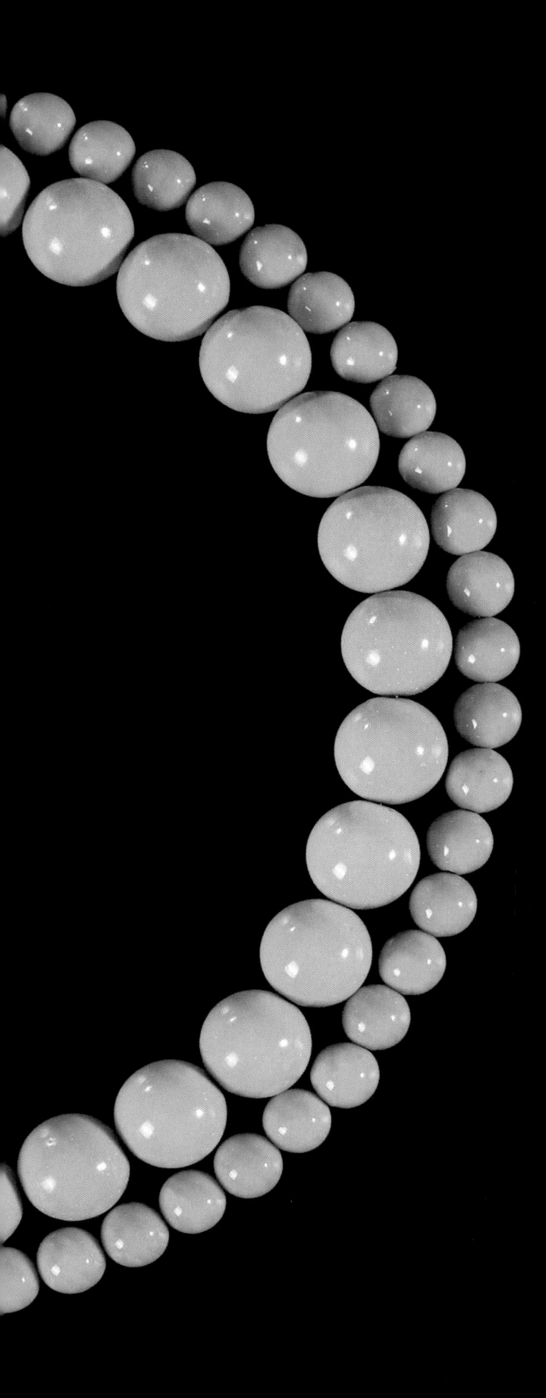

原矿绿松石穿制的项链，当代设计

绿松石吊坠，当代设计

o $200
to $475
to $1225
0 to $3180

s throughout the
e prices of their
diamonds (un-
indicated. The
varying accord-
d. Exceptionally
ed. Add Federal
are infrequent.

Lover's Dream... painted for the De Beers Collection by Pierre Ino, of Par

*the mysteries of love* Love has a language all its own, sweet and full of secret meanings for each lover's heart. It speaks in the mountains and the sun, in buds, and in the wondrous lights of an gagement diamond. And while its voice may some day fade from the mountains, sun and buds, it lingers clarion clear in the diamond's joyful flames, repeating the dreams of lovers down their married lifetime and beyond.

Your engagement diamond need not be costly o of many carats, but it should be chosen with care Remember, color, cutting, and clarity, as well a carat weight, contribute to its beauty and value A trusted jeweler is your best adviser. Extendec payments can usually be arranged.

De Beers Consolidated Mines, Ltd

diamond is forever

& SON

# 1948年
# 钻石恒久远

戴比尔斯的这一标志性广告语曾经被评选为世纪口号，当然它不是女人们想要一枚钻石订婚戒指的唯一原因，但很可能是主要原因。公平地说，当艾耶尔（N.W.Ayer）广告机构的女文案弗兰斯·格雷蒂（Frances Gerety）写下"A Diamond is Forever（钻石恒久远）"的时候，在订婚戒指上镶嵌钻石的传统早就已经存在了，但是在大萧条的经济现实下，热恋的情侣们认为自己既不是皇室，也不是百万富翁，钻石是遥不可及的一件事，用钻石订婚的传统被弱化了。戴比尔斯找到了艾耶尔来策划一场活动，希望每一对打算结婚的夫妇都感觉"必须"去买钻石。艾耶尔很巧妙地利用自身优势：在这场活动中邀请社会名流和名人来佩戴钻石，并确保他们佩戴的钻石大小和火彩在报纸专栏和新闻稿中被广泛报道。在一份战略文件中，该机构的计划非常明确："我们要扩展佩戴钻石的人群，通过屏幕和舞台上的明星、政治领导人的妻子和女儿，以及任何能成为杂货商妻子或者修理工情人的人来进行引导：'她拥有的，我希望我也能拥有。'"这一宣传营造了一种钻石无处不在的感觉。而其中那则经典的广告语，也如它所说的那样"恒久远"。从1948年起，戴比尔斯的广告一直在使用这句话，许多女性在订婚的时候都要买一颗钻石。

←戴比尔斯的这次广告宣传，影响了无数人的求婚方式

拿破仑的婚戒上镶嵌了钻石和蓝宝石，现代婚戒中镶嵌钻石和蓝宝石的设计因而富有传统意义

复古款式的圆形钻石戒指更为人们所喜爱，令人仿佛回到第一枚钻石婚戒出现的时代

# 1948年
# 猎豹突袭

“祖母绿、玛瑙、钻石，胸针！”珍妮·杜桑和路易斯·卡地亚在非洲游猎，在看到一只美洲豹之后，她大声喊出了这句话。1913年，杜桑加入卡地亚公司。路易斯·卡地亚为她取了一个昵称“小猎豹”，也许是她穿了一件全长的豹纹大衣，也许是因为她独立而有主见，据传也许是其他未可知的原因。杜桑成为卡地亚的艺术总监之后，这些“大猫”就雄踞在橱窗之中。1914年，猎豹这一形象第一次出现在一块钻石乌木腕表上。同年，卡地亚的贺卡上出现了一只猎豹匍匐在一位衣着优雅的女士脚下的画面。但是杜桑有着比制作明信片更宏大的计划，她推动她的团队创作更多立体的作品。随后，她参观了巴黎动物园。1927年，彼得·勒马尔尚（Peter Lemarchand）加入她的团队，凭借高超的技艺逐步实现珍妮·杜桑的愿景。20年后，温莎公爵推开了卡地亚的大门。1948年，第一枚卡地亚猎豹胸针创作完成，是温莎公爵为温莎公爵夫人定制的，镶嵌其中的116.74克拉的祖母绿是温莎公爵自己的收藏。崭新的纪元，崭新的猎豹。1949年，这对夫妇又定制了一枚卡地亚胸针，这一次的豹子满身镶嵌钻石，搭配了一颗蓝宝石。据说公爵夫人偏爱蓝色，认为蓝色可以衬托出她的眼睛。1987年，苏富比举行的一次温莎公爵私人收藏专场拍卖会上，这枚夹式胸针被售出。你能猜到价格是多少吗？1 026 667美元。

杜桑为温莎公爵夫人设计的卡地亚胸针

# 1949年
# 巡　展

在Instagram（译注：照片墙）账户或病毒式珠宝博客出现之前，海瑞·温斯顿就致力于向公众普及他所挚爱的宝石，公众感到兴奋而又学到了知识。他的王室珠宝巡回展览到达了美国很多城市，囊括了许多历史上最伟大的珠宝，公众付费就可以入场观展。温斯顿把展览所得的全部收入捐给了慈善机构。这笔费用将珠宝和公众能在博物馆看到的任何其他类型的艺术品等同起来。温斯顿深深地相信，他带来的这些珠宝，比如希望钻石、凯瑟琳大帝的祖母绿、神像之眼钻石、337克拉的蓝宝石，从保险柜、橱窗中走出来，面向公众，公众可以欣赏这些珍宝之美并了解它们的辉煌历程。温斯顿致力于创建一个国家宝石收藏体系，1958年，他把希望钻石捐献给史密森尼学会；1963年，他又将葡萄牙人钻石（Portuguese Diamond）捐出，每年有数百万人前来参观。

海瑞·温斯顿将世界上最有名的传奇珠宝放在他的手掌中

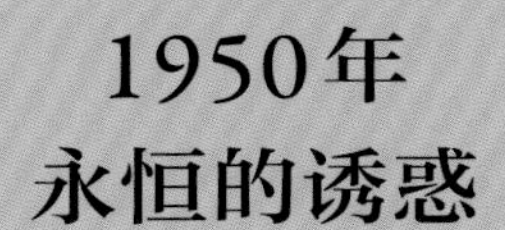

# 1950年
# 永恒的诱惑

蛇和珠宝有怎样的一段故事呢？在蛇成为诱惑的象征之前，它盘踞在人们的手臂和头上，成为臂镯和头饰。阿兹特克人（Aztecs）和古人将其视为繁殖和不朽的象征。早在公元前46年，埃及艳后到达罗马城，罗马随即掀起了螺旋形金蛇手镯的风潮。中世纪时期，蛇形珠宝并不太受欢迎，但是19世纪的埃及复兴使蛇重获新生。新艺术运动时期的每一件蛇形珠宝都以珐琅装饰。现代珠宝品牌中与蛇关联最紧密的是宝格丽，从20世纪40年代，它就开始在珠宝腕表上使用其标志性的Tubogas工艺，模仿蛇的鳞片和皮肤。宝格丽的拥趸伊丽莎白·泰勒在电影《埃及艳后》（*Cleopatra*）中佩戴了一件蛇形珠宝。这件珠宝深得她的喜欢，它由黄金、祖母绿和钻石制作而成，是一个历史和现实在珠宝中结合的完美呈现。这家意大利公司继续创作独一无二的蛇形珠宝。对任何留意过戴安娜·弗里兰（她常常将一条蛇形腰带当作项链来佩戴）的1968年备忘录（这一备忘录是写给她的编辑同事的）的人，她警告道："不要忘记蛇……蛇应该出现在每一根手指和手腕上，无处不在。"蛇依旧在那里，耐心等待着。

宝格丽的翡翠、红宝石和钻石蛇形手镯

# 1953年
# 荧幕上的女王

英国国王或者女王的加冕礼本身就是珠宝力量最深刻的证明。这个仪式中几乎每一个细节都和珠宝相关：由坎特伯雷大主教为她戴在第四根手指的加冕戒指、宝球和十字架权杖。

其中，王权宝球——一个镶嵌了珍珠和钻石的黄金球体，还有一个黄金十字架，守护着信仰。权杖，象征着君权神授的威严，上面镶嵌了世界第二大钻石。最后是君王佩戴的帝国王冠，上面有各种各样的奇珍异宝。没有任何一种物品能像珠宝一样胜任这个仪式。想象一下自己亲眼目睹这一仪式。伊丽莎白二世的加冕仪式是第一个被电视转播的加冕仪式，数以百万计的公众见证了她佩戴着乔治四世王冠走向加冕之路的高光时刻。他们凝视着女王的加冕项链和耳环，欣赏着她胳膊上的黄金手镯。多亏了电视屏幕，公众还可以看到帝国王冠的全部荣光：帝国王冠的中央镶嵌着被称为"黑太子"的红色尖晶石，背面是斯图尔特蓝宝石，"黑太子"下方是库里南二号钻石，维多利亚女王的小珍珠也可以被看到。数以百万计的公众观看了这场仪式，见证了王室珠宝的耀眼，同时也见证了珠宝的历史和传说。

→塞西尔·比顿拍摄的英国女王加冕仪式肖像

在马克思·奥普尔的电影《夫人的耳环》中的一幕

# 1953年
# 是耳环导致的后果吗？

珠宝作为剧情的线索：一对心形钻石耳环可以展开整个电影的情节吗？是的。在马克思·奥普尔（Max Ophul）的电影《夫人的耳环》（*The Earrings of Madame de*…）中，一位贵族夫人卖掉了丈夫送给她的一副耳环，她告诉丈夫耳环丢在了剧院。一场搜寻开始了！精明的珠宝商宣称自己找到了这对耳环，又将它们卖给了她丈夫，她丈夫悄悄送给了情妇。情妇又把耳环送给了一个意大利男爵，最终这对耳环又回到了丈夫手中。电影在丈夫和男爵的决斗中结束。其中一个男人死了，而耳环完好无损。

# 1954年
# 拿破仑的爱情

玛丽·路易斯皇冠最初作为皇冠的岁月是这样的：它是1810年拿破仑送给玛丽·路易斯的结婚礼物，配套的还有一把梳子、一条项链和一副耳坠，镶嵌有79枚祖母绿。当拿破仑帝国分崩离析的时候，这顶皇冠伴随它的主人离开了法国，一直为玛丽·路易斯家族所有。1953年，她的家族成员将这顶皇冠出售给梵克雅宝。梵克雅宝将其陈列于橱窗中，引起了公众的广泛关注。不久之后，报纸上刊登了一则蛊惑人心的广告，“从拿破仑的皇冠上为你取下一颗祖母绿”。旋即，疯狂的买家买下了所有祖母绿，这顶皇冠变成了钻石和波斯绿松石皇冠。一场激烈的辩论由此展开。为了出售祖母绿，就把皇冠上的宝石换成绿松石？这是在出卖历史文物？也有许多人为这种做法辩护，他们认为这样可以使珠宝开启新的篇章，也使公众有机会佩戴和传承历史。（历史还在不断上演：2014年的一次拍卖会上，梵克雅宝又出售了一枚镶嵌拿破仑祖母绿的胸针。）有些人偏偏只喜欢绿松石，尤其是一个叫玛乔丽·梅里韦瑟·波斯特的人（一个反复出现的珠宝救星）。她出资从梵克雅宝购得这顶皇冠，于1971年捐给史密森尼学会。它至今仍在展出。捐出前，她自己戴过钻石和波斯绿松石皇冠。

↑ 玛丽·路易斯皇冠，现存于史密森尼学会

# 1962年
# 钻石与晚宴

伊朗国王和王后到访美国白宫，是珠宝的高光时刻之一。国宴上，法拉王后佩戴着海瑞·温斯顿为她定制的王冠，王冠上有7颗祖母绿。当时的总统夫人杰奎琳·肯尼迪（Jacqueline Kennedy）没有这样的皇家头面，但是她有时尚感，还有她的发型师肯尼斯花了一点心思，用一枚19世纪的太

阳胸针扳回了一局。杰奎琳在伦敦的沃茨基发现这枚胸针，胸针售价5万美元，有一点昂贵。她变卖了一些钻石首饰买下了这枚胸针，然后复制了变卖的首饰。这些钻石首饰是她结婚的时候肯尼迪家族赠予她的。胸针成为杰奎琳的标志之一，肯尼迪家族从来没有怀疑过这一点。她经常把这枚胸针别在头发上，就像她在国宴上做的那样——作为一种美国皇冠？值得注意的是，1996年，在苏富比一次专门的杰奎琳私人收藏拍卖专场上，这枚胸针并没有像其他珠宝那样被出售。她的女儿卡罗琳·肯尼迪·施洛斯伯格（Caroline Kennedy Schlossberg）继续骄傲地戴着它。

↑当时的美国第一夫人杰奎琳·肯尼迪和法拉王后在白宫的招待会上

美国自然历史博物馆原馆长詹姆斯·A.奥利弗（James A. Oliver）在调查损失

# 1964年
# 盗窃！

曾几何时，一件珠宝的命运转变是历史的产物：帝国的失而复得、国家财富被掠夺、女王的统治戛然而止。有时，却是因为一次报警器失灵、一扇打开的窗户、一个名叫冲浪者墨菲（Murph the Surf）的小偷。世界上很多珠宝盗窃大案写出来都精彩纷呈，但还是来着重讲一下美国纽约历史上最大的这桩以及它的美好结局吧。“印度之星”是一枚563克拉的蓝宝石。它的故事可以追溯到四个世纪之前，但是它在纽约的历史开始于1913年，J.P.摩根将其捐赠给美国自然历史博物馆，这也是蒂芙尼公司的宝石学家乔治·F.坤斯为这位金融巨擘策划的历史性宝石收藏的一部分。博物馆的宝石厅为“印度之星”设置了玻璃展柜，但是那天晚上它的报警器失灵了。杰克·墨菲、艾伦·库昆和罗杰·克拉克从四楼的窗户溜了进来，把“印度之星”和一些钻石、海蓝宝、祖母绿以及一颗红宝石——一共24颗，塞进一个航空公司的双肩包里。这就是产自斯里兰卡的“印度之星”的故事中包括的迈阿密之旅。后来这三个人被捕了，一个在纽约被捕，两个在佛罗里达被捕。三人中最有名的是杰克·墨菲，之前他的职业是冲浪运动员，这也让他在传媒圈得到一个完美的绰号。这些宝石仍然下落不明——根据珠宝盗窃的基本规则，珠宝失踪的时间越长，被拆卸和出售的可能性就越大——时间是最关键的。这次盗窃案中被盗的宝石有一半仍然下落不明，但“印度之星”最终在迈阿密一个巴士站的储物柜里找到了。窃贼们被判了两年刑期。“印度之星”重新回到宝石厅，这次它有了完整的安保。

# 1967年
# 最后一个王后

那些珠宝现在在伊朗德黑兰中央银行的国家珠宝库之中，但是对我们大多数人来说，它们只是一些图片而已。伊朗的王室珠宝是世界上最好的珠宝收藏品之一，它们可以追溯到16世纪，同时也包括了像海瑞·温斯顿（法拉王后的婚礼王冠）、卡地亚（用欧仁妮皇后王冠上的祖母绿制作而成的项链）以及梵克雅宝这些现代珠宝品牌创作的作品。它们由伊朗国王穆罕默德·礼萨·巴勒维（Mohammad Reza Pahlavi）和他的第三任妻子法拉王后最后一次公开佩戴。1979年，其统治被革命推翻，王室开始了流亡生涯，而王室的珠宝留了下来。就是他，最后一位国王，坚持将长期隐藏在地下室的珠宝和其他物品对公众开放展览。也正是他和他的妻子让西方世界看到了这些令人目眩神迷的收藏品，其中包括一个镶嵌有红宝石、祖母绿和钻石的黄金宝座。从他们在1967年的加冕礼上的照片可以看出珠宝的华丽：法拉王后身着迪奥高级定制礼服，佩戴一顶镶嵌有1 541颗宝石的王冠，其中包括1 469颗钻石、36颗祖母绿、34颗红宝石、2颗尖晶石；还镶嵌了105颗珍珠，王冠的中心是一颗150克拉的祖母绿。这顶重达4.3磅的王冠，以及她所搭配的祖母绿项链和耳环，全部由梵克雅宝设计。据报道，该公司在伊朗国库的地下室设立了一个作坊，因为这些宝石价值连城，不能运出国库。这些珠宝现在仍然是伊朗的国家财政储备。

→法拉王后，在巴勒维国王的加冕礼上

格蕾丝·凯莉有许多Alhambra四叶草首饰。冯西华·哈蒂弹吉他的时候喜欢戴着Alhambra项链

# 1968年 梵克雅宝象征幸运

“要幸运哦，”雅克·阿尔佩（Jacques Arpels）曾经说，“你一定要相信运气。”显然，他是相信的。他以三叶草为灵感设计了一个珠宝图案。据档案记载，梵克雅宝设计Alhambra项链可以追溯到1968年，三叶草的形状可以追溯到更久之前。但是Alhambra款式——一串四叶草，串在简单的黄金项链或者手镯上，是在西方20世纪60年代末的社会转折期出现的，当时西方文化对穿戴的要求放宽，非正装珠宝恰逢其时地迎合了时代精神。这种风格引发了收藏热潮：每当有稀有绿松石、虎眼石、青金石款式出现，其价格屡屡上涨。广受欢迎、常被模仿，Alhambra在创作和营销方面为珠宝行业树立了标杆。很多设计师都希望为自己的珠宝工作室创造一个有辨识度又相对简洁的标志性作品，像“寻找他们的亚伯拉罕”一样，但是，并非每一个人都得到了这份幸运。

# 1969年
# 月球上戴耳环吗?

↑阿波罗耳环

阿波罗登月对人类来说是巨大的飞跃,也让珠宝业获得了一次巨大的进步。太空探索给珠宝商带来了巨大的想象空间,“登月之后我最喜欢的设计之一是,”古董珠宝商李·希格尔森(Lee Siegelson)说,“梵克雅宝为杰基·欧设计的火山手镯。它们被锤击、凿出凹坑,形成一个类似月球的表面。”那个夏天,伊利亚斯·拉劳尼斯(Ilias Lalaounis)创作了一对轨道形状的阿波罗耳环,这是亚里士多德·奥纳西斯(Aristotle Onassis)送给杰基的生日礼物。卡地亚在20世纪50年代末制作了一个形似人造卫星发射的胸针,之后这家珠宝品牌继续创作登月复制品来纪念1969年的登月。受到这一事件启发的品牌还有很多。“保罗·布瑞(Pol Bury)在人造卫星的设计上加入了一个有趣的变化。加入的一个动力单元使光线在耳环和戒指上滑动。”希格尔森说。这个时代对珠宝商的启发不光体现在对空间物体外观的模仿,登月后随之而来的影像资料也改变了珠宝商处理材料的方式。纹理变得更加粗糙,宝石的加工也变得粗糙。一个新的世界扑面而来,对于珠宝商也是如此。

→地球上发生了大新闻

↓ 卡地亚人造卫星胸针

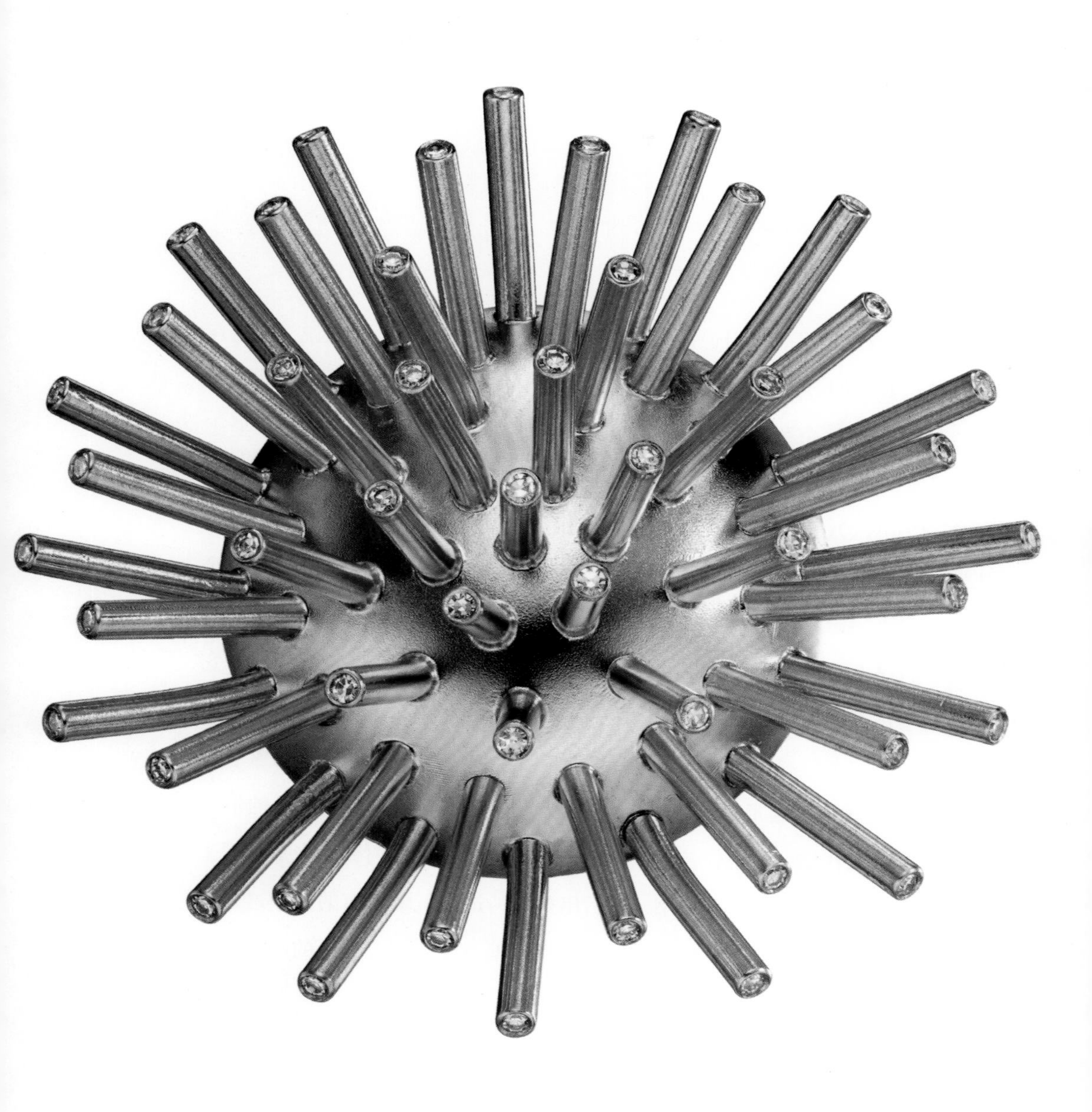

# 1969年 王室危机

“有一点现代。”人们描述查尔斯王子的威尔士王冠时会这样说，但这在当时是有必要的。20世纪60年代末对于英国的君主制来说是一个微妙的时代。英格兰发生了劳工抗议、全国停电、石油短缺、威尔士起义。查尔斯王子被任命为威尔士亲王，需要一个王冠来缓解当时紧张的氛围。路易斯·奥斯曼（Louis Osman）接手创作王冠，他希望这顶王冠有仪式感，同时有现代感。王冠的单一拱形沿袭了1677年查尔斯二世的款式。王冠上刻着一个威尔士亲王的徽章和一个十字架。王冠上的钻石呈天蝎座的形状（查尔斯王子的生日是11月14日），在底部有4个十字架和4个鸢尾花形状的纹样。它们还是用钻石和祖母绿来装饰的，尽管宝石数量很少。钻石代表宗教中的七宗罪和圣灵的七份恩赐。王冠的内部是一顶紫色的天鹅绒帽子，边缘镶有一圈貂皮。这顶王冠满足了查尔斯王子的要求，王子可以在不戴假发的情况下戴一顶有现代感的王冠。路易斯·奥斯曼在设计开始的时候，先是根据王子的头型，用树脂做了一个模型，然后用黄金铸造。就像所有的创作过程一样，过程中有一些错误，以至于在加冕仪式前差点没有完成王冠的制作。一个制造师提出一个解决方案：用电镀乒乓球达到预期的高度。这个方案可行。乒乓球王冠面世。威尔士亲王查尔斯的就职典礼由斯诺登勋爵（Lord Snowdon）主持，在一个透明的顶棚下完成，全程被电视台转播。查尔斯的王冠是所有英国王冠中最现代的。

→查尔斯王子在授勋威尔士亲王的仪式上，戴了一顶黄金王冠

设计师奥尔多·施普洛，爱情手镯的创作者

# 1969年
# 爱的力量

长久以来，生产工具的革新推动着珠宝设计的发展。最近在迈锡尼古墓的挖掘中发现了一个反映农业生产的吊坠；20世纪40年代手镯的灵感来源于轮胎和坦克的履带；宝格丽的Tubogas设计源于机器管道，但是有谁能像奥尔多·施普洛一样充分利用工具呢？20世纪60年代末，人们开始接受“日常”珠宝的概念，这时，这位意大利珠宝设计师来到了纽约。那时，梵克雅宝的Alhambra系列刚刚面世，1967年，宝曼兰朵（Pomellato）创立，是首个把“高级成衣”理念引进珠宝界的品牌。在工业质疑传统珠宝的时代，施普洛找到了他的位置。他在蒂芙尼公司和大卫·韦伯（David Webb）公司工作，他提出了钉子手镯的创意，然后在卡地亚推广。他抓住了时代从多愁善感的情绪里的转变，创作了一种不再是柔情蜜意的爱情象征的作品。“爱情手镯”是一个简单的黄金手镯，上面镶满了螺丝，摘取只能通过螺丝刀来完成——这是用金属来表现永恒的爱情。这件首饰男女同款，在当时那个年代是不同寻常的。无论男女都不能轻易将它摘下，而以往的观念是珠宝应该方便摘取，放在一个安全的地方，在特殊场合才能佩戴。人们可以戴着他们的“爱情手镯”工作、吃饭、洗澡、睡觉。如今，日常珠宝已经非常普遍，但是在当时它是一种沉默的革命。

# 1970年
# 珠宝新贵（第二章）

“不管那颗钻石是要我付出生命还是付出200万美元，我都要得到它。”理查德·波顿说的是一颗68克拉的钻石，后来他把这颗钻石送给了她——伊丽莎白·泰勒。1970年，泰勒主演的《午夜牛郎》（*Midnight Cowboy*）获得奥斯卡最佳影片奖时，她戴着这颗钻石参加了颁奖典礼。泰勒-波顿钻石是波顿和卡地亚举牌竞价24个小时后，卡地亚以创纪录的100万美元买下的。波顿用110万美元从卡地亚手里将它抢过来，戴到了泰勒颈间。不过交易的条件是这颗钻石首先要进行巡展，让公众一睹其闪耀的光彩。纽约和芝加哥的卡地亚门店前排起了长队。泰勒把钻石改成了一条项链，钻石很大，她想用它来掩盖她的疤痕，她患过一场严重的肺炎，进行气管切开手术后脖子上留下了疤痕。泰勒在洛杉矶音乐中心舞台上的形象是一个时代的象征，男演员或者女演员纷纷戴着自己的珠宝参加颁奖礼或者活动，而不是像现代惯例那样戴借来的珠宝。泰勒与波顿第二次离婚之后，泰勒以350万美元的价格卖掉了以他们的名字命名的钻石。

←奥斯卡颁奖礼上的伊丽莎白·泰勒和理查德·波顿。她的礼服由伊迪丝·海德（Edith Head）设计，钻石项链来自理查德·波顿

# 1971年
# 甘娜·沃尔斯卡是谁?

世界各地的珠宝迷会用虔诚的语气说起她的名字。她的藏品在博奈公园(现为苏富比)拍卖时,那些珠宝的原始目录册就像早期古藤堡圣经版本一样被收藏。甘娜·沃尔斯卡(Ganna Walska)是一位波兰歌剧演唱家,她喜爱稀有的珠宝和珍稀植物(她在加利福尼亚州蒙特西托的庄园建立了一个莲花园)。她结过六次婚(其中四次嫁得很好)。她的珠宝收藏就像她的莲花庄园的植物一样,无与伦比的壮丽辉煌。那本目录册的传奇之处更多的在于它上面没有的东西,而非上面记录的东西,也就是——信息。苏珊·贝尔龙的几件作品就因为这个原因没有被识别出。拍卖会上那颗200克拉的蓝宝石呢?直到20世纪90年代,它才被鉴定出来自俄罗斯皇室,它是著名的沙皇收藏品费斯曼(Fersman)目录册中所描绘的现存作品之一,却没有在1927年佳士得拍卖行俄罗斯皇家珠宝的专场中出现。还有一颗95克拉的布里奥来特黄钻,最终评级为艳彩黄(Fancy Vivid),是现存同级别石头中最大的之一。那次拍卖会上的许多人都很幸运,包括多丽丝公爵,他仅花了2 600美元就买下了印度爱丽亚项链。

甘娜·沃尔斯卡的珠宝

莉萨·明内利佩戴着佩雷蒂设计的骨头手镯

# 1974年 银饰革命

是这位意大利贵族推动了美国珠宝大众化吗？蒂芙尼公司的主席沃尔特·霍温（Walter Hoving）与佩雷蒂（Peretti）签订了独家合同——通过佩雷蒂的朋友霍尔斯通的介绍。此时的蒂芙尼已有25年没有出售过银饰了。但是霍温在一本小册子中振臂一呼，标题是“好品味在美国可以生存吗?”他宣称，“好的品味和价格无关。无论高价格商品还是低价格商品，设计都是最重要的”。佩雷蒂的价格偏低又强有力的设计作品证明了他是正确的。正如《纽约时报》对她的描述，“拥有非凡的才华，1978年为蒂芙尼公司创造了有史以来最高的销售纪录。她使象征财富的符号变成了纯粹的设计表达”。佩雷蒂和蒂芙尼公司在这一过程中赚得盆满钵满，现在依旧如此。佩雷蒂摘走了炫耀性珠宝之后，一些明星比如莉萨·明内利（Liza Minnelli）和索菲娅·洛伦（Sophia Loren）等人开始佩戴银饰，她当时的售价100美元的钻石设计带来了全新的消费群体。《新闻周刊》（*Newsweek*）发表了一篇封面文章，称她的设计引发了一场可以与文艺复兴相提并论的革命。这场革命通过心形吊坠、蝎子项链、豌豆耳环和骨头手镯还在继续：最近在美国大都会艺术博物馆举行的珠宝展览中，她设计的纯银骨头手镯放在最显眼的位置。

→20世纪70年代早期，佩雷蒂在蒂芙尼公司门口

# 1975年
# 谨慎的典范

纽约金融危机和杰拉尔德·福特（Gerald Ford）给一条镶满宝石的项链带来了什么？珠宝商大卫·韦伯出生于美国北卡罗来纳州的阿什维尔，1942年来到纽约，1948年在朋友的支持下开设了第一间店铺。

在战后纽约蓬勃发展的社会大背景下，韦伯的性感设计在好莱坞前卫的明星中风生水起。到了20世纪60年代，丽兹·泰勒的领子上佩戴着他的胸针；杰奎琳·肯尼迪委托他为白宫的宾客设计礼物。他大量使用翡翠、珊瑚和水晶，将它们用在手工锻造的黄金上，逐渐形成了独特的设计风格。“我一直为早期的珠宝而着迷。”他曾经说。在20世纪70年代初，积重难返，现实问题一触即发，纽约市政府破产，而联邦政府拒绝救助。那些依赖韦伯购买巨大的鸡尾酒钻石戒指的客人又开始需要一点精细感。于是，韦伯将宝石组合成项链，这些宝石很难看出价值——孔雀石、虎眼石、青金石。把这些宝石组合一下，它们看起来会非常神秘，引发旁观者的猜想：“这是真的吗？”这就是韦伯的图腾项链。韦伯标志性的珠宝设计来源于他对古代珠宝知识的了解，但是它的出现是对现代珠宝的创新。

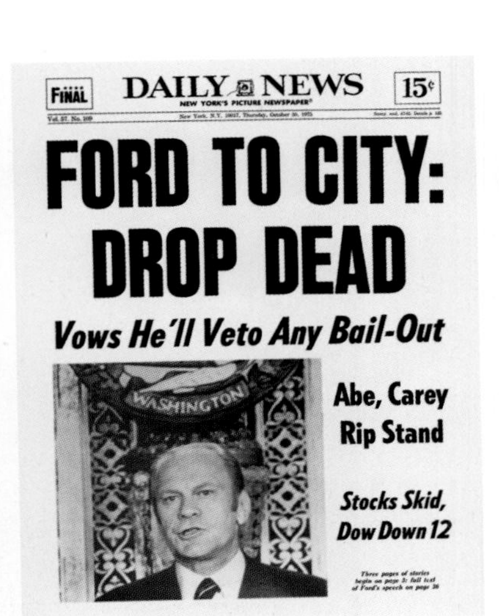
FINAL DAILY NEWS 15¢
NEW YORK'S PICTURE NEWSPAPER

FORD TO CITY: DROP DEAD

Vows He'll Veto Any Bail-Out

Abe, Carey Rip Stand

Stocks Skid, Dow Down 12

←臭名昭著的标题

大卫·韦伯的项链激发了人们的灵感

# 1975年
# 卡地亚鳄鱼来袭

据说，有一天晚上，她带着宠物鳄鱼走进卡地亚门店。玛丽亚·费利克斯（María Félix）是墨西哥女演员，大家都称她为“拉·多娜”（La Dona）。她认为卡地亚的珠宝设计师在为她创作项链之前，也许需要近距离观察下鳄鱼。他们决定创作这个造型：两条完整的鳄鱼连接在一起，需要1 023颗黄钻、1 060颗祖母绿和2颗凸圆形红宝石。卡地亚为玛丽亚·费利克斯设计的作品在珠宝项链中堪称贵族。同一级别的还有玛丽·路易斯的钻石项链，帕提亚拉项链和黛西·费罗斯的“水果锦囊”项链。这条项链作为一件艺术作品和一项工艺进步的代表（或许也可以作为名人或富人放纵想象力的例子）是值得肯定的，但是其也作为奢侈无度的象征一直为人诟病。这条项链定制完成那年，斯诺登勋爵给费利克斯拍摄了一张她佩戴着这条鳄鱼项链的照片，照片中她还戴着两只蛇形手镯、几条黄金手链、好多枚戒指，黑色的大帽子上有两条镶嵌有珠宝的带子，带子就像帽带般绕在帽子上。“太多了吗?”她看起来好像在问，“我不这样认为。”在1975年，这显然不算多。珠宝在创造特立独行的个人风格中扮演着永恒且至关重要的角色，比如对于伊迪丝·希特维尔、佩吉·古根海姆、米莉森特·罗杰斯。费利克斯佩戴鳄鱼项链的照片在Instagram上被广泛转

发。除了费利克斯，只有一个人戴过鳄鱼项链——2006年，莫妮卡·贝鲁奇在戛纳电影节上搭配了简单的白衬衫和黑色芭蕾舞裙来佩戴它。它现在属于卡地亚珠宝典藏系列。（费利克斯在去世前将珠宝悉数售出）

玛丽亚·费利克斯如此喜欢鳄鱼，卡地亚就应其要求为其定制了这条项链

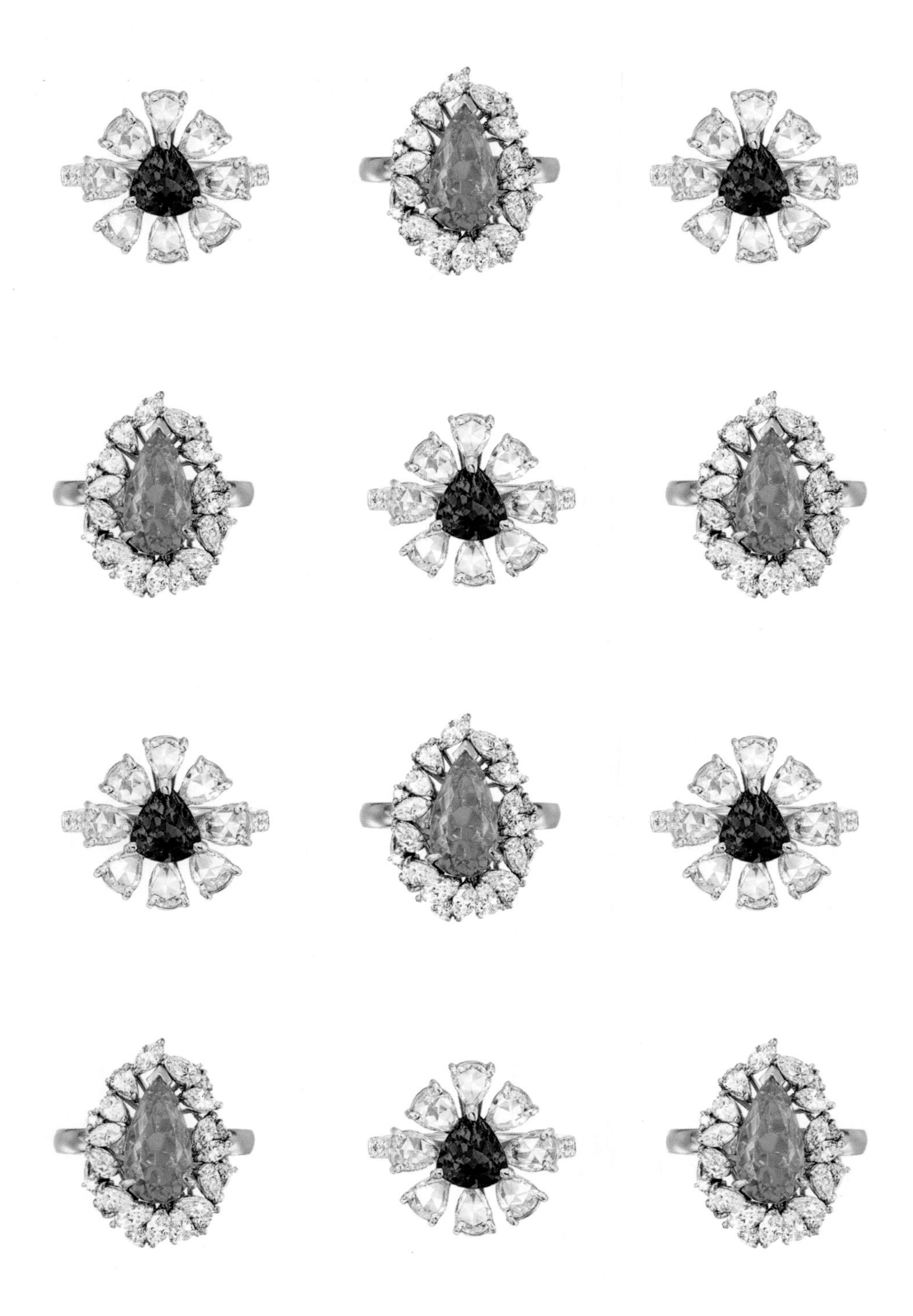

↑ 帕拉伊巴——一个成功的珠宝传奇

# 1981年
# 寻找温迪斯

人们谈论珠宝的时候都有一套专业的语言。谈话常常被这些强调性的说明打断——“这是19世纪埃及复兴时期的作品，不是装饰主义时期的”“这是巴黎的卡地亚”，更多的是关于产地的说明：海蓝宝石必须是圣玛丽亚的，祖母绿是哥伦比亚的，绿松石是波斯的，帕拉依巴产自巴西。对帕拉依巴的探索始于一个人对新的宝石品类的探索。赫克托·迪马斯·巴博萨（Hector Dimas Barbosa）在巴西的帕拉依巴山丘上深入挖掘，他预感那里有数不清的宝藏。过了好几年，他才发现一颗宝石，准确地说那颗宝石的颜色是“温迪斯蓝”（Windex Blue；不是官方术语，而是广泛使用的词语）。很快，帕拉依巴成为珠宝商和收藏家们竞相追逐的对象。像其他自然资源一样，帕拉依巴一经发现，供不应求。20世纪90年代巴西的帕拉依巴大量上市，由于需求旺盛，现在产自巴西的“温迪斯蓝”帕拉依巴已经几近绝迹，矿场干涸。尽管宝石商人信誓旦旦说“莫桑比克的帕拉依巴质量也很好”，但是如果他们得到一块巴西产的，还是会骄傲地介绍：“这是帕拉依巴，巴西的。”

# 1981年
# 也可能是你

珠宝专家和观察家组织的一次非官方的民意调查显示，珠宝历史上最重要的时刻是：在温莎城堡，威尔士亲王查尔斯王子向幼儿园教师戴安娜·斯宾塞女士求婚，并送上一枚12克拉的蓝宝石戒指，戒指上围镶14颗钻石。这枚戒指（现在属于剑桥公爵夫人，是查尔斯和戴安娜的长子威廉王子于2010年送给她的订婚戒指）不是王室珠宝，也不是专门为这次求婚定制的。事实上，任何人只要有一本加勒德（Garrard）目录册，并付大约60 000美元即可拥有它。一开始的迹象就表明，戴安娜是人民的王妃。

查尔斯王子和戴安娜王妃用一枚蓝宝石戒指订婚，威廉王子也用这枚戒指向凯特王妃求婚

蓝宝石戒指，当代设计

# 1981年
# 阿里科西斯·莫瑞尔、卡琳顿、科尔比·德克斯特、罗文

厚重的垫肩、窄腰，宽边帽、铅笔裙、狐狸披肩，还有珠宝：V形项链和与之相配的耳环，琼·柯林斯（Joan Collins）在《王朝》（*Dynasty*）中的角色无疑是那个时代的一面镜子。那个被称为“贪婪的十年”（The Greed Decade）的年代，充斥着鱼子酱、香槟、钻石、红宝石和蓝宝石。这些夸张的珠宝传递着非常明确的信息，这个信息就是金钱至上。

20世纪80年代，盛装的琼·柯林斯

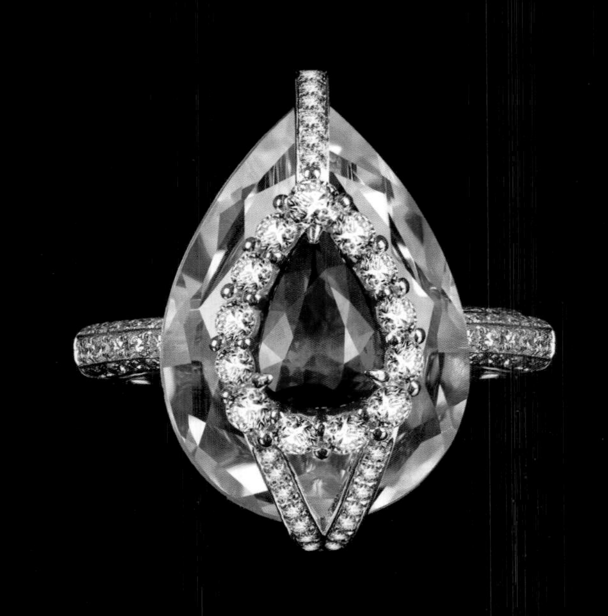

“贪婪的十年”夸张风格的红宝石戒指

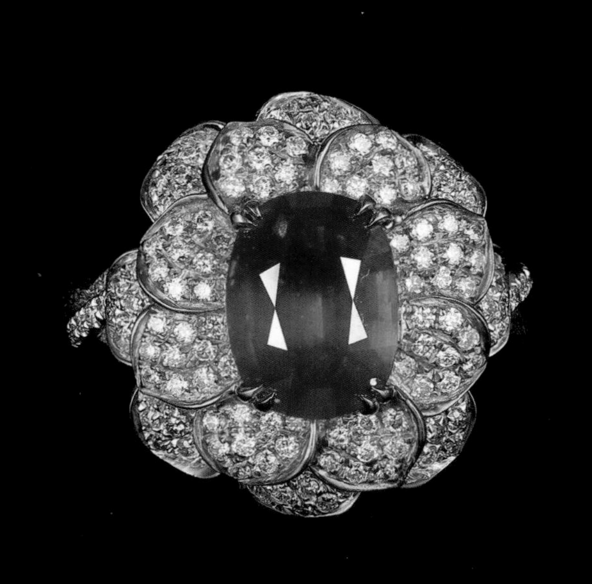

# 1983年
# 商业艺术

有一部分人将这种设计比作螺旋线或者DNA映射。在他的电缆线手镯面世之前，大卫·雅曼（David Yurman）是一个雕刻家。无论设计这种相互缠绕的金属条的最初灵感是什么，它所呈现的是工业和艺术的创新融合。电缆线反映的是他早期手工焊接的过程，如今这件标志性的作品作为一个奢侈品的入门款，有成千上万的人从全世界各地的商店购买。仅就这一项影响而言，电缆线的设计理应在这个时代占据一席之地。但是其更大的贡献在于大胆创新的珠宝营销方式，面向更广泛的公众。电缆线手镯将珠宝带入美国人的客厅。它也促进了美国独立珠宝设计师的观念发展：雅曼要求百货公司将他的珠宝放在他的名字下单独进行销售，而非按照惯例将所有珠宝根据类目进行摆放。

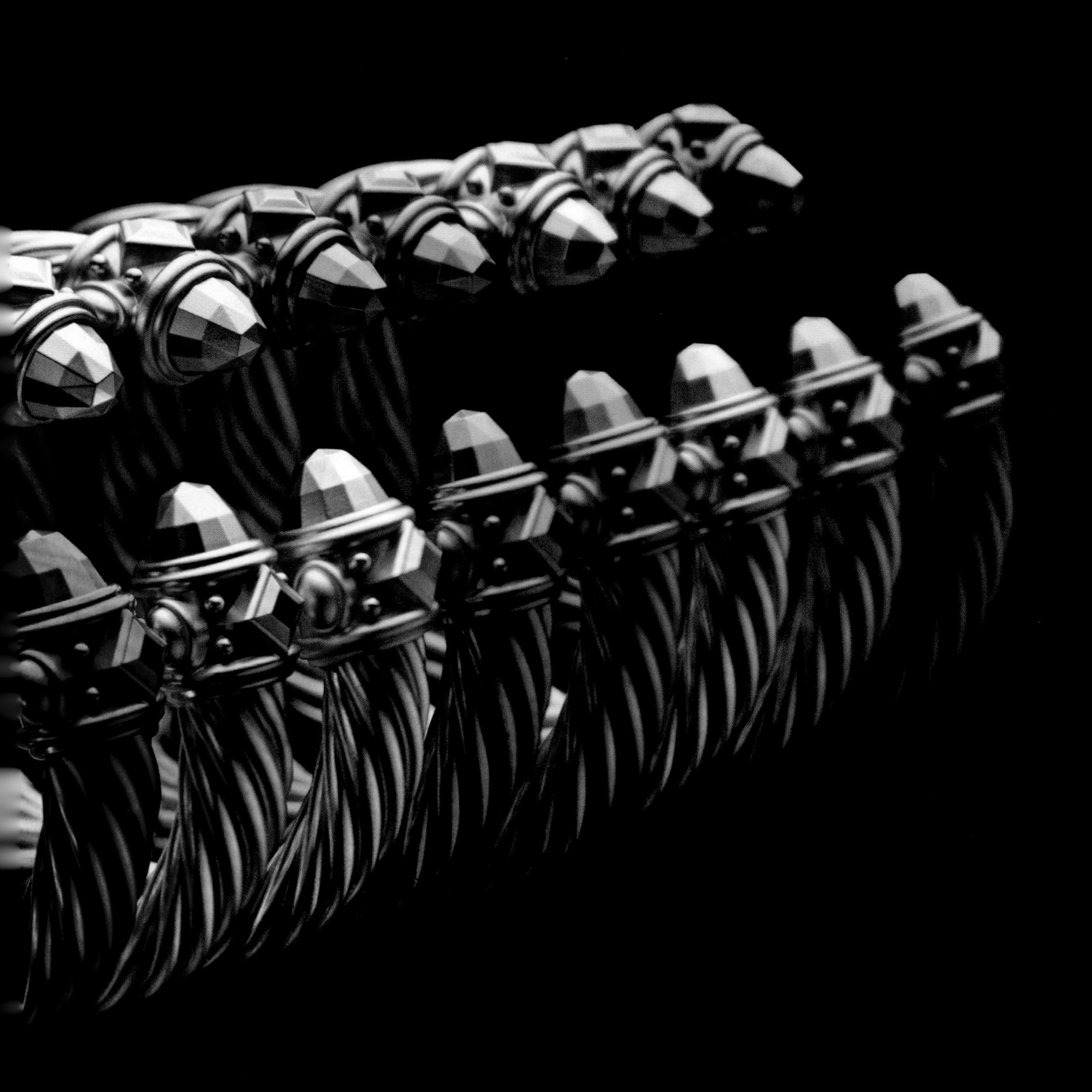

大卫·雅曼用钛做成的电缆线手镯

戴安娜王妃在澳大利
亚访问期间参加舞会
时转头的瞬间

# 1985年
# 王室叛逃者

是珠宝发出叛逆的呐喊吗？戴安娜王妃常常佩戴的珠宝有很多——剑桥公爵夫人头冠（the Cambridge Lover's Knot Tiara）、蓝宝石钻石项链、斯宾塞家族珍珠，但是如果说要找到一件标志性的珠宝可以代表戴安娜王妃，那就是在某一时刻被她当作发带戴起来的一条祖母绿钻石项链。那是一件装饰艺术时期的珠宝，是伊丽莎白女王送给她的结婚礼物，它可以追溯到玛丽女王时期。在澳大利亚访问期间，她戴着这条"发带"，同她的丈夫威尔士亲王翩翩起舞。

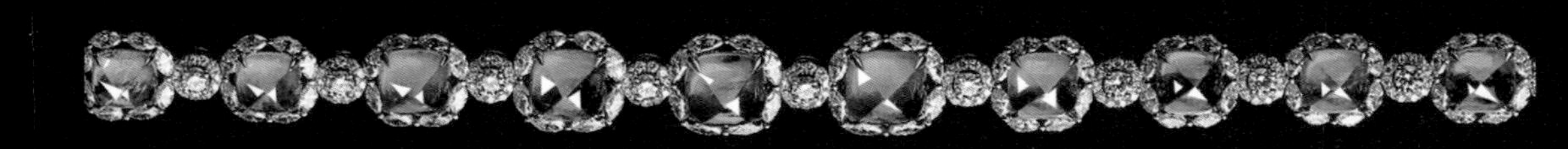

祖母绿以通透的绿色被很多人喜爱，用多颗颜色一致的祖母绿镶嵌成的项链珍贵异常

# 1986年
# 这属于20世纪80年代?

什么样的珠宝能够与戈登·盖克(Gordon Gekko)的权力套装相提并论?时装是人所处时代的反映,珠宝亦然。透过装饰艺术钻石严格的几何形状,我们可以看到20世纪20年代流行服饰的轮廓感。维多利亚女王的黑色丧服反映了惠特比玉石占据主导的时代。20世纪50年代好莱坞服装的强大魅力也可以在同样大胆的金色手镯和围兜项链上看到。20世纪80年代——那个属于蓬松的头发和大垫肩的时代呢?这个过剩时代的珠宝将如何被铭记?就像宝格丽为当时的美国总统和总统夫人南希·里根(Nancy Reagan)设计的美国国旗戒指:前卫,耀眼,甚至有些浮夸。

↑南希·里根私人收藏的宝格丽戒指

周天娜和设计师和子——
右下方的那位，改变了世
人对水晶珠宝的认知

# 1986年
# 她们带来了水晶

有时，珠宝的流行趋势是从皇室肖像的戒指中汲取灵感，然后反映到现代购物中心的戒指上。有时，这种趋势又是自下而上的。20世纪70年代，水晶原本只是在户外市场销售的饰品，或裸石，或用一根临时的绳子串起来。水晶预示着安宁、爱或和谐，但没有在进入20世纪80年代时迎来曙光。但是如果它们是用黄金线缠绕的呢？或者别在一个黄金别针上面，在巴尼百货公司（译注：美国奢侈品百货公司）出售呢？或者塞进一个日本大师制作的竹制手镯之中，陈列在波道夫·古德曼百货公司（译注：美国知名时尚精品百货公司）的玻璃橱窗里？和子（Kazuko）获得了富布赖特科学奖学金，来到美国纽约学习试验戏剧。在出售水晶珠宝之前，她设计围巾。这些水晶作品多年来陈列在巴尼百货公司的玻璃橱窗中，顾客一走进大门就可以看到它们。和子经常穿着白色的衣服在那里迎接顾客。当时，周天娜（Tina Chow）是赫尔穆特（Helmut Newton）和塞西·比顿（Cecil Beaton）的摄影模特，安迪·霍尔为她作画。她还是周氏餐馆老板周英华的妻子。1987年，她在波道夫·古德曼百货公司出售她设计的珠宝，包括她有名的京都手镯，手镯内放置有玫瑰石英，但石英放置得特别松，因此会发出响声让人感受到其存在。两位女性都英年早逝：2007年，和子死于食道癌；1992年，周天娜死于艾滋病并发症。她们设计的珠宝如今仍然极具收藏价值。

具有独特包体的水晶有很高的收藏价值，当代设计

# 1994年
# 胸针外交

为什么世界上最有权势的女性会选择胸针来传情达意？2019年，白宫众议院发言人南希·佩洛西（Nancy Pelosi）佩戴一枚黄金小槌出席特朗普总统的弹劾听证会。就在该年的几个月前，英国最高法院首位女院长布伦达·黑尔夫人（Brenda Hale）佩戴了一枚闪闪发光的蜘蛛胸针，宣布法院一致裁定首相鲍里斯·约翰逊非法暂停议会议事。她们都延续了前美国国务卿奥尔布赖特"珠宝盒外交"的传统。奥尔布赖特收藏了大量胸针，用来传达信息和表达情绪。（当事情进展顺利的时候，她会佩戴蝴蝶或者花朵胸针；佩戴螃蟹胸针则表示事情的进展比她预期的要慢。）她用珠宝表达信息最清晰的一次是在克林顿总统在任期间，她担任美国驻联合国代表时。她说："萨达姆·侯赛因说我是一条无与伦比的蛇。我有一个很棒的蛇形古董胸针，所以当我们处理伊拉克问题的时候，我就戴着蛇形胸针。"尽管有些人认为奥尔布赖特的胸针仅仅是装饰用的，但是效仿者甚多。据说，普京曾经对克林顿总统说他通过奥尔布赖特左肩上的胸针判断一场会议如何进行。

花朵胸针寓意事情进展顺利，当代设计

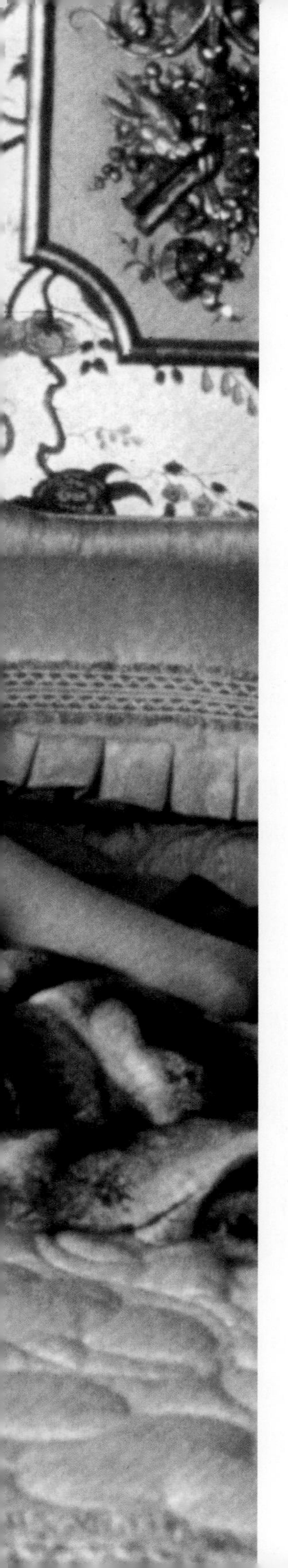



# 1995年
# 一床宝格丽

以珠宝作为线索，把马丁·斯科塞斯（Martin Scorsese）想象成一个珠宝人士是很难的一件事，但是在他于1995年拍摄的关于拉斯维加斯和黑社会的电影《赌城风云》（*Casino*）里留有珠宝在电影史上的辉煌瞬间。剧中，在婚礼结束后，艾斯（Ace）抱着吉尔（Ginger）迈过门槛进入婚房。

> 艾斯和吉尔躺在床上，四周都是首饰。吉尔披着栗鼠皮大衣，艾斯看着已经惊呆的吉尔试戴黄金项链、戒指、手镯和耳环。
>
> 吉尔说："如果我同时把它们全部戴起来，会不会太过分了？"
>
> 艾斯："你可以随心所欲。我信守承诺，对不对？对不对？"

全部都是宝格丽，一盒一盒的宝格丽经典Tubogas项链、硬币项链和蛋面彩色宝石。有些人指出，剧中的时间线有误，但是那些全部打开摊在床上的装满黄金的盒子、那件栗鼠皮大衣，使宝格丽的影响力丝毫没有因此减弱。对我们这本以时间为序的珠宝史来讲，一床的宝格丽、吉尔的反应，明确说明维系这对夫妇关系的关键是财富，并且这些首饰比她那件及地栗鼠皮大衣更能象征艾斯和拉斯维加斯那迷人又危险的魅力。

# 1998年
# 我心永恒

詹姆斯·卡梅隆（James Cameron）不是第一个使用珠宝作为线索的导演，但为了剧情需要而对一件珠宝深入刻画，就值得人们关注了。影片《泰坦尼克号》（*Titanic*）中，钢铁大亨卡尔·霍克利将一颗56克拉的蓝色钻石送给他的未婚妻露丝（Rose）。影片中这颗钻石的来龙去脉，部分借鉴一颗真实的名钻——希望蓝钻（the Hope Diamond）的经历。就像希望蓝钻一样，泰坦尼克号上的“海洋之星”（the Heart of the Ocean）钻石的体积巨大、稀有且呈纯净的蓝色，在法国大革命爆发前，一直归法国宫廷所有。它经常不知所终——使得比尔·帕克斯顿（Bill Paxton）扮演的那类猎宝者陷入疯狂。我们仍然不能确定希望蓝钻在消失的那些年去了哪里，而“海洋之心”刚好弥补了这个空白。露丝为什么要把这样一件至宝扔进大海？当人们知道扔掉的仅仅是为这部电影制作的三个项链版本之一时略感安慰。1998年的奥斯卡颁奖典礼上，两名女性佩戴了另外两个版本的“海洋之心”项链。席琳·迪翁（Celine Dion）佩戴的是一枚171克拉的斯里兰卡蓝宝石吊坠，是阿斯普瑞（Asprey）为露丝设计的著名吊坠的复制品。早些时候，它在苏富比以140万美元的价格出售，用于资助戴安娜王妃纪念基金，前提是席琳·迪翁在奥斯卡颁奖礼上佩戴它。但是那晚创造纪录的是87岁高龄的格洛利亚·斯图尔特，她是有史以来最年长的奥斯卡最佳女配角提名者。她的15克拉的蓝钻镶嵌在由海瑞·温斯顿设计的钻石项链上，至今仍是红毯上最昂贵的珠宝之一，标价：2 000万美元。

电影《泰坦尼克号》中心形蓝宝石的灵感，或许来自希望蓝钻的真实故事

# 2000年
# 瑜伽裤指数

有一个流行的理论：Lululemon开第一家独立商店的那一年，对珠宝来说是非常重要的一年。为什么？因为人们穿得越随意，配饰就越重要。随着公司利润的增长，其客户的钻石耳钉和订婚戒指的尺寸也在增长。有时候地位标志是一种基本需求，当咖啡馆里的每个人都穿着一条黑色紧身裤，那么地位就要通过其他方式来展现：明显比较昂贵的钻石耳钉、一串串美丽的钻石项链、各种彩色宝石戒指、精心堆在手腕上的卡地亚手镯。

←越是随意的日常装扮，钻石就越要大

# 2002年
# 本·阿弗莱克，珠宝先知

2002年，本·阿弗莱克走进海瑞·温斯顿门店找一颗粉钻。有人说是因为他当时的女朋友珍妮弗·洛佩斯喜欢粉色，但是否也有可能因为他展望到这种石头巨大的升值空间和投资潜力？“这是一颗非常稀有、非常珍贵的彩钻。当时大多数人对此一无所知。”一位熟悉此次拍卖的珠宝业内人士说。当然，几个世纪以来，粉钻一直为藏家所珍视。2016年佳士得以3 000多万美元售出的普林斯粉钻（Princie pink diamond），是在300多年前就发现的。20世纪90年代末以前，白钻一直主宰着市场和公众的想象空间。一部分原因是戴比尔斯“钻石恒久远”的广告，另外一个原因是缺乏官方词汇来定义彩钻，还有一个原因是白钻的产量比较多。毫无疑问，珍妮弗的订婚戒指上的粉钻是第一枚登上国际新闻的粉钻。如今，每一年都有一颗破纪录的彩钻。它们已经成为全世界最令人垂涎的宝石品种之一，是备受人们追捧的战利品，在拍卖会上引发竞拍大战。2009年，一枚5克拉、艳粉色、垫形切割的粉钻，以1 100万美元的高价在香港佳士得拍卖行售出。2016年，一枚9克拉的梨形、艳彩粉钻拍出了1 800万美元。2017年，一枚15克拉的艳彩粉钻拍出了3 200万美元的高价。还有粉红遗产（the Pink Legacy），2018年在日内瓦佳士得拍卖行以5 000万美元的价格拍出，创下了世界最高纪录。阿弗莱克先生仿佛就像粉钻的推广先知一样。

多年来，珍妮弗·洛佩斯都佩戴着粉钻和白钻饰品

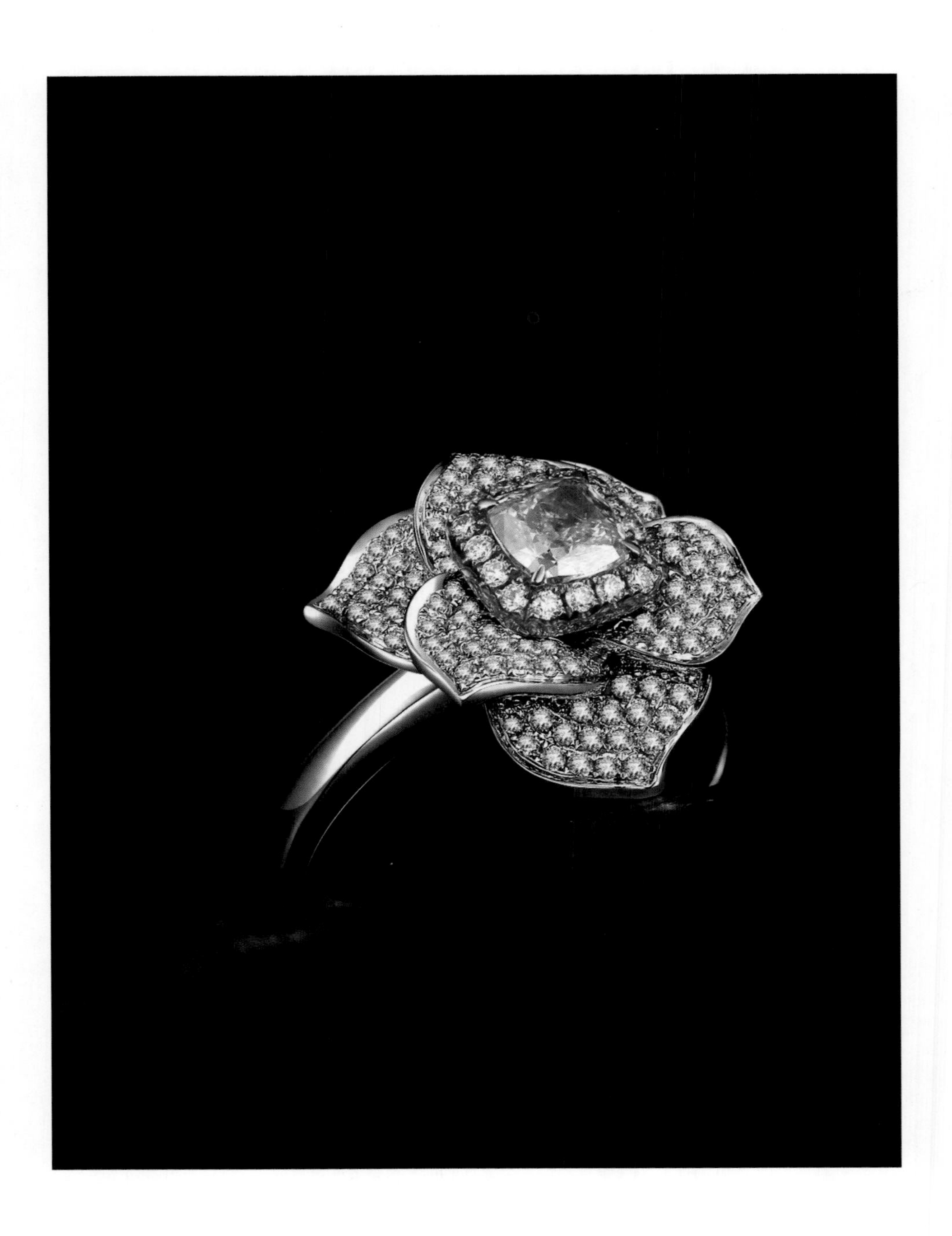

↑ 一枚粉钻戒指，当代设计，粉钻是近年价格涨幅最大的彩色钻石之一

# 2002年
# 紧闭的大门之后

大师的作品在黑暗的展厅低吟浅唱，每一个展柜里只打着一束恰到好处的微弱灯光。英国萨默赛特宫（Somerset House）的珠宝展厅里人头攒动，只是为了一睹乔伊·阿瑟 ·罗森塔尔（Joel Arthur Rosenthal），也就是著名的JAR的珠宝。对大多数人来说，这是第一次也是最后一次近距离见到这位天才珠宝设计师的作品。罗森塔尔被认为是现代珠宝界的泰斗，是我们这个时代的法贝热或者卡地亚。伦敦的展览是第一次公开展出他的作品，再就是于2013年在美国大都会艺术博物馆的一场展览。也有一些人在2006年佳士得艾伦巴金珠宝拍卖会的预展上目睹过他的作品。罗森塔尔虽然在巴黎的旺多姆广场有一家店，但是请不要贸然前往，该店只接待熟人邀约的客人。罗森塔尔是一位敢于冲破现有商业规则的现代珠宝大师。他的珠宝产量稀少，只有少数人才有资格佩戴，因此成为个人跻身当代最高端珠宝圈的象征之一。

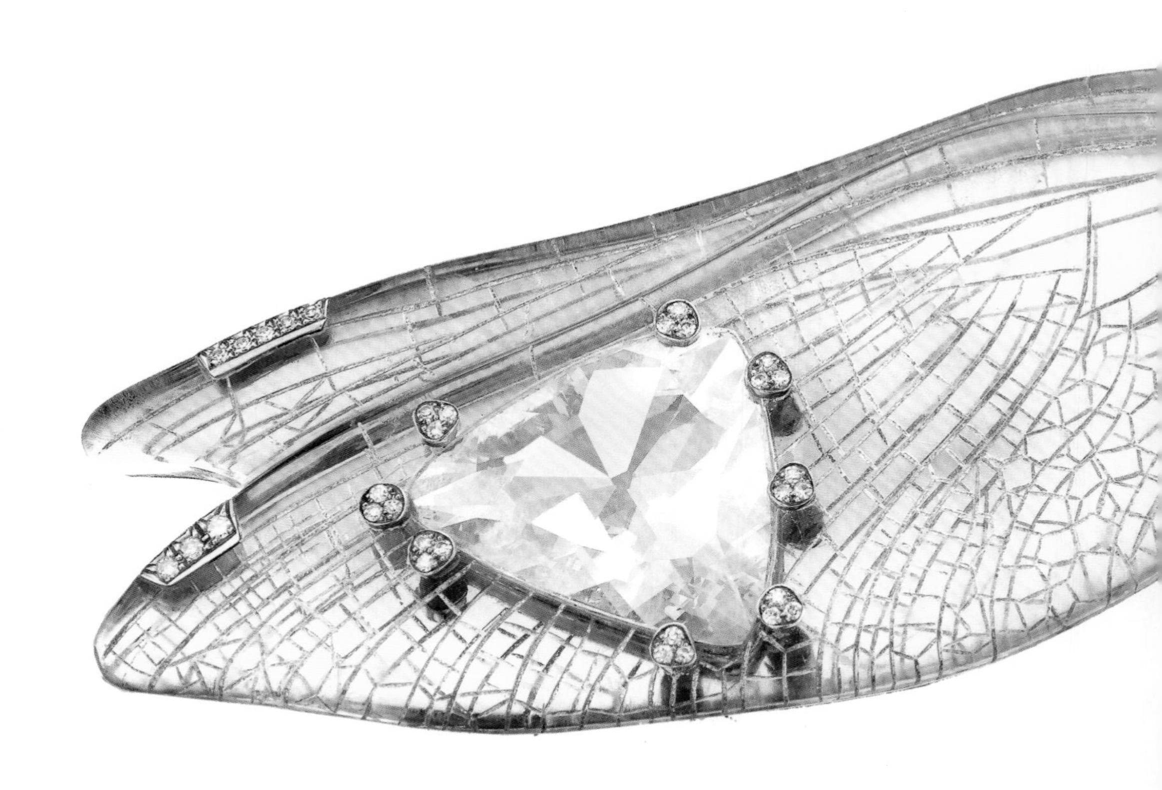

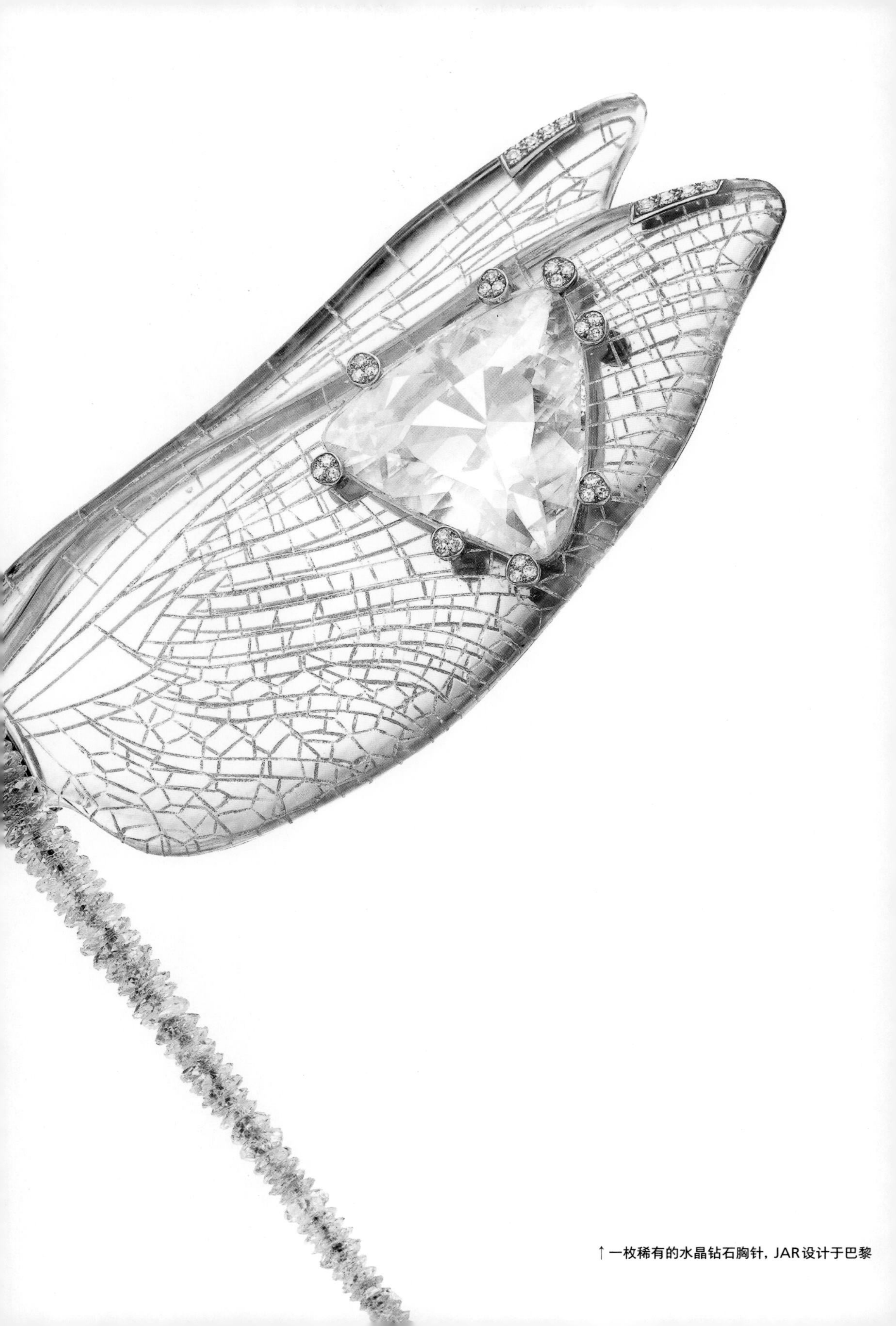

↑ 一枚稀有的水晶钻石胸针，JAR设计于巴黎

一颗红宝石。它是产自缅甸吗？

# 2003年
# 违禁品

尽管缅甸红宝石被认为是全世界最好的，但鉴于人权问题，美国禁止进口缅甸红宝石（以及翡翠），珠宝商开始寻找其他宝石来填补他们想象中的那一抹红色。（欧洲各国、加拿大和澳大利亚也共同禁止进口缅甸红宝石）。红宝石的其他产地出现了（其中来自莫桑比克的红宝石尤其珍贵），珠宝商也在寻找其他石头来满足市场对红色宝石的需求。尖晶石、红碧玺（包括卢比来）进入长期以来以宝石（钻石、祖母绿、红宝石、蓝宝石）和半宝石（基本上指所有其他宝石）为主的设计领域，但是人们对更广泛种类的石头之美的认可使得这一分类过时了。美国前总统奥巴马上台之后，于2013年加强了2008年的《玉石法》（*JADE Act*）禁令。2016年，红宝石禁令被官方解除了，但是仍然有珠宝商避免使用缅甸产的红宝石。鉴赏家们至今仍然会问一颗红宝石是否是缅甸产的——他们可能会一直问下去，但也多亏了这一禁令，珠宝商们的宝石品类大大增加。

# 2010年
# 为珠宝点赞

上传到Instagram的第一张图是一条金毛犬和一只在卷饼摊前穿着人字拖的脚。图片中没有珠宝，甚至连一条脚链都没有。但是就像这个平台用牛油果吐司和意大利日落打造出了明星一样，它也能通过巨大的钻石、最初的护身符、名人订婚戒指、皇室婚礼王冠以及红毯翻领别针打造出名人。Instagram上的早期珠宝博主如马里昂·法赛尔、卡琳娜·佩雷斯、娜塔莉·博斯·贝特里奇、丹尼尔·米勒，就用闪闪发光的珠宝来吸引粉丝，渐渐地也开始了一场关于珠宝历史和设计的对话，提高了人们对这个行业的欣赏程度，各种媒体的曝光逐渐增多。各种各样的珠宝、各个时代的珠宝，成为人们争论和追逐的热点。专注珠宝话题的账号不断增加，点燃了人们的热情，普通大众也能通过浏览帖子欣赏那些他们可能永远都不会拥有或者亲眼见到的珠宝。很久以来，珠宝都作为一种装饰艺术被推广，而Instagram上点亮的每一颗红心都代表了人们对此的极大认可。

→Instagram上的认可红心

心形红宝石胸针，当代设计

心形红宝石戒指，当代设计

伊丽莎白·泰勒佩戴着漫游者珍珠，这颗珍珠后来打破了佳士得拍卖纪录

# 2011年 伊丽莎白“女王”

那些参观过佳士得伊丽莎白·泰勒收藏专场拍卖预展的人，对幸运手镯和珐琅旗帜项链都会过目不忘，而且能够生动地回忆起他们的竞拍计划。它们的估价并不低——在1.1万美元和3万美元之间。但是对于曾属于泰勒的珠宝，这个价格是合理的。他们打算以几十万美元的总价售出，但计划落空了，因为多项成交纪录被打破了：红宝石、印度珠宝、无色钻石、珍珠。这是拍卖史上具有里程碑意义的事件，成交额超过1.567亿美元，创下全球私人珠宝收藏拍卖最高成交额。泰勒的宝格丽的作品非常受欢迎，梵克雅宝和卡地亚的作品亦然。不过，那晚最受欢迎的还是16世纪的漫游者珍珠（La Peregrina），以1 180万美元成交。这是一颗传奇的珍珠，是16世纪初在巴拿马海岸被发现的。起初，是一位探险家送给西班牙斐迪南一世的。从那以后，漫游者珍珠大部分时间在西班牙的国库中，不过也曾在英国皇室“血腥玛丽”（英格兰玛丽一世）手中做过短暂的停留。它曾出现在委拉斯开兹（Velázquez）和戈雅（Goya）的画作中，也出现在太阳王的婚礼上——腓力五世将其佩戴在帽檐上。在拿破仑征服西班牙之后，1813年漫游者珍珠离开了西班牙，之后留在了法国，一直到路易·拿破仑遇到经济困难，被迫将其卖给了一个英国的贵族家庭。他们一直将其保存到20世纪60年代末。1969年，漫游者珍珠遇到了理查德·波顿。他知道有一个女人一定喜欢这颗又大又有历史价值的珍珠，于是在苏富比拍卖行以3.7万美元购得。事实证明，她确实喜欢。

# 2018年
# 王冠热搜

它真的是非常经典的一顶王冠。它制成于1932年，典型装饰艺术条带风格，中间的一颗钻石是1893年约克郡公爵，也就是后来的乔治五世，送给妻子——林肯郡的玛丽·泰克的结婚礼物。玛丽女王将王冠作为遗产传给了她的孙女伊丽莎白，伊丽莎白女王又将其借给了当时即将成为苏赛克斯公爵夫人的梅根在婚礼上佩戴。曾经有哪顶王冠被如此广泛地关注和期待？曾经有哪顶王冠被如此报道、拍摄和传播过？哈里王子和梅根·马克尔的婚礼确实是社交媒体时代的第一场王室婚礼（严格来说，威廉王子和凯特·米德尔顿的婚礼也属于这个时代，但是当时还处在Instagram的早期）。在婚礼之前，围绕着王室珠宝专业知识的一个完整产业兴起。大量文章、数百万张照片涌现，标题基本是“分析梅根·马克尔可能在婚礼上佩戴的每一顶王冠”等。在这个过程中，关于王室收藏的新知识被传播。很多人都知道斯宾塞王冠（the Spencer Tiara），因为戴安娜王妃曾经在婚礼上佩戴过它，但是人们上一次谈论斯特拉斯莫尔玫瑰冠（the Strathmore Rose）是在什么时候呢？上一次谈论玛丽王后穗状王冠（the Queen Mary’s Fringe Tiara）或“爱之凯旋”王冠（the Triumph of Love）呢？何时曾有过如此大范围的人群来定义王冠，或者明确描述一顶王冠的具体品质？这场婚礼无疑是一场国际盛事，在扩大珠宝影响力方面也取得了令人难以置信的成就，创造了历史。

梅根·马克尔佩戴着一顶钻石发带王冠，这是21世纪万众瞩目的瞬间

# 2018年 大揭秘

没有人能够确定它是否还存在。格雷维尔王冠，1919年由宝诗龙制作，近一个世纪没有出现在公众视线中。有人认为它还在王室，因为玛格丽特·格雷维尔曾把它送给伊丽莎白女王的母亲，但是它还在那里吗？它被卖掉了吗？会不会已经被拆解，用在新的、更适合日常佩戴的首饰上了？当欧仁妮公主在圣乔治教堂入口处出现时，这些问题有了答案。那是她和杰克·布鲁克斯班克的婚礼，她的婚礼也标志着这顶王冠第一次被王室成员佩戴。她的选择也让世人见识到20世纪最伟大的珠宝收藏和最伟大的珠宝礼物之一：格雷维尔的遗赠。欧仁妮公主的王冠是过去俄罗斯北部女性头冠的款式，该款式流行于19世纪末20世纪初，灵感来源于俄罗斯传统服饰中的光环形头饰。仅仅在学术研究方面，2018年的婚礼就是一座金矿。

←欧仁妮公主佩戴着格雷维尔的祖母绿王冠

# 2019年 Gaga是第三个戴它的人

如何创造历史？例如，当你主演的电影《一个明星的诞生》（*A Star is Born*）被提名，你佩戴世界上历史非常悠久的钻石如128克拉的蒂芙尼黄钻，走上奥斯卡红毯，成为世界上第三个在公共场合佩戴这颗钻石的女人。

对于蒂芙尼黄钻，首先是1957年夫人谢尔顿·怀特豪斯在纽波特的蒂芙尼舞会上佩戴过，然后是奥黛丽·赫本佩戴过。2019年，Lady Gaga出席奥斯卡颁奖礼时成为佩戴这颗蒂芙尼黄钻的第三个人。最早，它是1877年在南非的金伯利矿发现的一颗钻石原石，重达287克拉。一年之后，查理斯·刘易斯·蒂芙尼先生买下了它，委托给著名的矿物学家乔治·F.坤斯，旋即它被认定为一件美国国家级珍宝。1893年，它在芝加哥世界博览会上展出。几年后，它又出现在奥黛丽·赫本的脖颈间，在《蒂芙尼的早餐》（*Breakfast at Tiffany's*）宣传照片中，奥黛丽·赫本戴着一条让·史隆伯格设计的蝴蝶结钻石项链，这颗钻石就镶嵌在项链中。

1995年，这颗钻石又被镶嵌在让·史隆伯格的另一件作品——石上鸟上，在巴黎博物馆展览。1972年，蒂芙尼在《纽约时报》上做了一则玩笑式的广告，这颗黄钻要价500万美元（大约相当于今天的2 500万美元），谁能在严格的24小时内筹集到这笔钱，即可得到它。（超过这个时间则寄到的支票将会被寄回）2012年，为了庆祝蒂芙尼公司成立175周年，这颗黄钻被镶嵌在一条新的钻石项链上。奥斯卡颁奖礼之后一周，这颗钻石回到了蒂芙尼公司，放置在蒂芙尼第五大道旗舰店的一个最重要位置的橱窗中，人们可以随时去参观。

这颗蒂芙尼黄钻曾经由三位女士佩戴过，图上是其中两位

德雷斯顿绿钻在德雷斯顿盗窃案中保存完好

# 2019年 幸存者

让我们以另一件珠宝的命运的转折来作结尾：1722年，一名英国商人在印度的科鲁尔矿发现了德雷斯顿绿钻，这颗钻石自此开始其辉煌之旅。它先是被献给了乔治国王，然而国王对它并不是特别感兴趣——第一个转折。它被萨克森王室做成了金羊毛勋章的一部分，但是也非常短暂。萨克森的弗雷德里克（Frederick）决定将其戴在他的帽子上，他配上别的钻石做成了一枚别针，将其固定在帽子上。它被收藏在德国德雷斯顿绿穹珍宝馆中将近300年。第二次世界大战期间，苏联将其作为战利品抢走，很快又归还德国。在海瑞·温斯顿的赞助下，这颗绿钻曾在史密森尼学会展出。2019年11月25日，小偷潜入德雷斯顿绿穹珍宝馆偷走了大量珍宝。但最无价、最稀有的一颗，也是世界上已知最大、品质最高的一颗绿钻——德雷斯顿绿钻逃过一劫，因为当时它正安全地放置在美国纽约大都会艺术博物馆二层的展厅里出借展览。如果不是这次借出，这颗绿钻可能也会永远丢失。

→绿钻戒指，当代设计

# 图片版权

© Archivio GBB / Bridgeman Images-Page 256
© Bayerische Schlösserverwaltung Ulrich Pfeuffer/Maria Scherf, München -pp 28-29
© CHANEL-Page 148
© De Beers Archives- Page 168
© Fine Art Images/Heritage Images; Heritage Image Partnership Ltd / Alamy Stock Photo -Pages 15,16,72
© Henri Cartier-Bresson/Magnum Photos-Page 81
© Look and Learn / Bridgeman Images-Page 12
©Man Ray 2015 Trust / Artists Rights Society (ARS), NY / ADAGP, Image: Telimage, Paris, 2020 - Page 134
© Ministère de la Culture / Médiathèque du Patrimoine, Dist. RMN-Grand Palais / Art Resource, NY-Page 129
© National Portrait Gallery, London -Page 70
© Photo Josse / Bridgeman Images-Page 14
© Reporters Associati & Archivi/Mondadori Portfolio / Bridgeman Images-Page 250
© RMN-Grand Palais / Art Resource, NY -Page 51
© Van Cleef & Arpels -Pages 150, 191
© Victoria and Albert Museum, London-pp 68-69
©2011 Christie's Images Limited -Page 251
©2012 Christie's Images Limited -Page 42
©2019 Christie's Images Limited-Page 132
© 2020 The Estate of Richard Bernstein / Artists Rights Society (ARS), New York- Page 236
©Catherine Rotulo-Page 190
©National Museum of Qatar-Page 81
131204+0000 Toby Melville / Alamy Stock Photo-Page 10
Alastair Grant / Alamy Stock Photo -Page 254
Album / Alamy Stock Photo-Page 180
Ann Ronan Picture Library/Heritage-Images / Alamy Stock Photo-Page 18
Antiqua Print Gallery / Alamy Stock Photo -Page 100
Anwar Hussein/Getty Images-Page 195
Artepics / Alamy Stock Photo -Page 58
Arthur Brower/The New York Times-Page 186
Artokoloro / Alamy Stock Photo -Page 6
Available at FD Gallery, New York, fd-gallery.com-Page 78
Belperron LLC, photographer David Behl -Page 146
Bettmann / Contributor-Page 34
BNA Photographic / Alamy Stock Photo-Page 101
Bridgeman Images -Pages 33, 51, 71, 82
Cartier Archives, London © Cartier-Page 162
Cartier Archives, New York © Cartier-pp 106-107
Cartier Documentation © Cartier -Page 141
Classicpaintings / Alamy Stock Photo-Page 32
CM Dixon/Heritage Images / Alamy Stock Photo-Page 23
Copyright David Yurman-pp 218-219
Copyright Ilias Lalaounis-Page 192
Copyright Tiffany & Co. Archives 2020 -Page 96
Courtesy David Webb Archives-Page 205
Courtesy National Gallery of Art, Washington-Page 36
Courtesy Reagan Presidential Library- Page 222
Courtesy Siegelson, New York, www.siegelson.com -Pages 61,62, 117,120, 121, 128, 132, 133, 154-155
Courtesy Sotheby's -Page 201, 208, 242-243
Courtesy of Verdura -Page 144
Cris Bouroncle/AFP/GettyImages- Page 3
D.R-Page 151
De Agostini Picture Library / Bridgeman Images-Page 77
DEA / ICAS94 / Contributor -Page 47
Dennis Cook/AP/Shutterstock -Page 229
dpa/Alamy Stock Photo -Page 259
Edward Steichen/Condé Nast via Getty Images-Pages 93, 123
Fairchild Archive/Penske Media/Shutterstock-Page 225
Fotos International/Getty Images-Page 198
Francesco Zerilli/Zerillimedia/Science Photo Library/Alamy Stock Photo-Page 244
George Hoyningen-Huene/Condé Nast via Getty Images-Page 121
Gift of Judith H. Siegel, 2014-pp 46-47
Gift of Mrs. John D. Jones, 1899-Page 37
Glorious Antique Jewelry available at 1stdibs.com -Pages

59, 60
Heritage Auctions-Page 108
Hillwood Estate,Museum and Gardens,Photographed by
Edward Owen-Page 139
Historia/Shutterstock -Page 109
Historic Images / Alamy Stock Photo-Page 77
Historical Views / Alamy Stock Photo-Page 122
Horst P. Horst/Conde Nast via Getty Images-Page 159
Jack Garofalo/Paris Match via Getty Images-Page 77
Joyce Naltchayan/AFP via Getty Images- Page 258
Keystone-France\Gamma-Rapho via Getty Images-Page
146
Lebrecht Music & Arts / Alamy Stock Photo -Page 65
Lotusland Archives-Page 200
Louise Dahl-Wolfe Courtesy of Millicent Rogers Museum
-pp 164-165
Masterpics / Alamy Stock Photo-Page 7
MGM/ Alamy Stock Photo-Page 158
Nils Herrmann, Collection Cartier © Cartier-Pages 102-103, 140,
157, 197
PA Images / Alamy Stock Photo -Pages 64, 210
Paramount Pictures / Alamy Stock Photo-pp 142-143
Paul Slade/Paris Match via Getty Images-pp 184-185
Peter Macdiarmid/Getty Images-pp 112-113
Photo © Christie's Images / Bridgeman Images-Page 96
Photo 12 / Alamy Stock Photo-Page 41
Photo by Anwar Hussein/Getty Images-Page 220
Photo by Bernard Gotfryd/Getty Images -Page 224
Photo by Bernard Hoffman/The LIFE Picture Collection via
Getty Images-pp 174-175
Photo by Carlo Bavagnoli/The LIFE Picture Collection via
Getty Images-Page 189
Photo by CBS via Getty Images -Page 235
Photo by Chip Clark and digitally enhanced by
SquareMoose provided courtesy of the Smithsonian
Institution-Pages 58, 183
Photo by Chris Jackson/Getty Images-Page 211
Photo by CM Dixon/Print Collector/Getty Images- 目录背页
Photo by Dia Dipasupil/FilmMagic- Page 239
Photo by Kent Gavin/Daily Mirror/Mirrorpix/Getty Imagespp
214-215
Photo by Kevin Winter/Getty Images- Page 238
Photo by NY Daily News Archive via Getty Images- Page
204
Photo by Pascal Le Segretain/Getty Images-Page 54-55
Photo by PL Gould/Images /Getty Images-Page 203
Photo by Richard Heathcote/Getty Images-Page 253
Photo by Spencer Platt/Getty Images -Page 228
Photo By: Fred Morgan/NY Daily News via Getty Images-
Page 192
Photo 12/Ann Ronan Picture Library / Alamy Stock Photo-
Page 86
Photograph by Snowdon / Trunk Archive-Page 206
Pictorial Press / Alamy Stock Photo-Page 149
Pierre Auroux/Massif, Instagram @pierresnaps- page 257
Pierre-Jean Chalencon/Photo12/Universal Images Group via
Getty Images-Page 55
PVDE / Bridgeman Images -Page 108
Realy Easy Star / Toni Spagone / Alamy Stock Photo- Page
8-9
Richard Gummere/New York Post Archives /(c) NYP
Holdings, Inc. via Getty Images-Page 196
Roger Viollet via Getty Images-Page 145
Saidman/Paul Popper/Popperfoto via Getty Images-Page 124-125
Scherl/Süddeutsche Zeitung Photo / Alamy Stock Photo-
Page 116
Shawshots / Alamy Stock Photo-Pages 27, 179
SilverScreen / Alamy Stock Photo Page 181
Sputnik / Bridgeman Images- Page 49
Studio Gérard © Cartier-Page 193
Studio Kanji Ishii, Inc. and Courtesy of Harry Winston,
Inc-Page 35
Studio Orizzonte- Roma-Pages 176-177, 223
Süddeutsche Zeitung Photo / Alamy Stock Photo-Page 87

Terry O'Neill/Iconic Images/Getty Images-Page 202
The Picture Art Collection / Alamy Stock Photo-Page 24, 43
Thomas D Mcavoy/The LIFE Picture Collection via Getty Images-Page 156
Tiffany & Co-Page 89
ullstein bild/ullstein bild via Getty Images-Page 99
Universal History Archive/UIG / Bridgeman Images-pp 110-111
Universal Pictures / Alamy Stock Photo-Page 232-233
Vincent Wulveryck © Cartier-Page 197
Vincent Wulveryck, Collection Cartier © Cartier-Page 173, 207
World History Archive / Alamy Stock Photo -Page 24, 73, 84
Zoonar/Andrii Mykhailov / Alamy Stock Photo-Page 247
Zuma Press/ Alamy Stock Photo- Page 115
本书其余图片由译者吕花花提供。

# 致 谢

你能够通过珠宝来讲述世界历史吗？这是我职业生涯中一直试图回答的问题，感谢出版社和查尔斯·迈尔斯给我这个机会来尝试回答这个问题。如果没有我的编辑凯特琳·莱弗尔、设计师马特·伯曼以及图片编辑苏普里亚·马利克三人团队的全力支持，我不可能对珠宝的文化、神话和传说进行如此深入的研究。与我共同合作了两本书之后，凯特琳已经是一个专业的珠宝人士了——以后给她买礼物会变得非常困难，但是她的丈夫随时可以得到我的建议。马特，每一页都充满了他的知识和智慧。我还记得我想和他一起工作的念头是第一次看到他在派拉蒙广场大厅做实习生时就产生的，到之后每次乔治的封面出现，再到如今他每次都将Instagram上戴珠宝的古董照片标记给我，我喜欢和他一起工作，也爱我们共同创造的一切。

人们曾经问我，你是如何同时出一本书和一本杂志的？我花了一年时间——确切地说，是除了20多年的积累，我又花了一年时间。每一页上都有我所有珠宝老师传授的知识和他们发人深省的观点。带领我正确认识珠宝价值的人有奥德丽·弗里德曼、拉尔夫·埃斯梅里安、玛丽昂·法塞尔、彭妮·普罗多、薇薇恩·贝克尔、吉尔·纽曼和伊内齐塔·盖伊-埃克尔。这些人一路慷慨地贡献他们的知识和他们让人惊叹的收藏。还有一些我经常会去拜访的人，有时候我每天都去，我称他们为“珠宝黑手党”，尽管我还没决定谁是“老大桑尼”：

丽贝卡·塞尔瓦、弗兰克·埃弗里特、李·西格尔森、达芙妮·林贡、克莱本·波因德克斯特、杰弗里·波斯特、马赫纳兹·伊斯帕哈尼·巴托斯、尼古拉斯·卢克辛格。你们是我全部的灵感来源。

感激珠宝之门向我敞开，以及珠宝为我打开的那些神秘的宝库（包括史密森尼学会的宝库，为展开这本书的研究）。特别感谢杂志*Town & Country*，这本杂志一直以来都珍视珠宝，将珠宝视作文化艺术品和艺术装饰品。感谢那些曾在或仍在该杂志社工作的了不起的编辑们，以及每一个尽其所能支持我对珠宝的热爱的人。

最后也是最重要的感谢要送给我的家人：我的父母约翰和玛塞拉，兄弟彼得和嫂子索菲娅，还有我的侄女凯拉和佩奇。是你们开启了这项珠宝事业，我才能无比自豪地在这条路上一直走下去。

版贸核渝字（2020）第225号
Jewels That Made History: 100 Stones, Myths & Legends©2020 Stellene Volandes, published by agreement with Rizzoli International Publications, Inc. through the Chinese Connection Agency.

图书在版编目（CIP）数据
读懂珠宝：100颗石头、100个神话、100段传奇 /（美）斯泰琳·沃兰德斯（Stellene Volandes）著；吕花花译. -- 重庆：重庆大学出版社，2022.10
（万花筒）
书名原文：Jewels That Made History: 100 Stones, Myths & Legends
ISBN 978-7-5689-3495-4
Ⅰ. ①读… Ⅱ. ①斯… ②吕… Ⅲ. ①宝石—世界 Ⅳ. ①TS933.21
中国版本图书馆CIP数据核字(2022)第144393号

**读懂珠宝：100颗石头、100个神话、100段传奇**
DUDONG ZHUBAO: 100 KE SHITOU、100 GE SHENHUA、100 DUAN CHUANQI

［美］斯泰琳·沃兰德斯（Stellene Volandes） 著
吕花花 译

策划编辑：张 维
责任编辑：鲁 静 书籍设计：M$^{oo}$ Design
责任校对：夏 宇 责任印制：张 策

重庆大学出版社出版发行
出版人：饶帮华
社址：（401331）重庆市沙坪坝区大学城西路21号
网址：http://www.cqup.com.cn
印刷：天津图文方嘉印刷有限公司

开本：720mm × 1020mm 1/16 印张：17.25 字数：247千
2022年10月第1版 2022年10月第1次印刷
ISBN 978-7-5689-3495-4 定价：99.00元